LA SCIENCE POUR DEBUTANTS

SOMMAIRE

Imprimé en Belgique.

LA PLUIE, D'OÙ ÇA VIENT?

Susan Mayes

Conception de Mike Pringle
Illustrations de Richard Deverell et Mike Pringle

Réalisation de la collection : Heather Amery
Traduction : Mauricette Thétiot

SOMMAIRE

Tout sur la pluie

Lorsque des nuages gris commencent à remplir le ciel, cela signifie souvent que la pluie est imminente.

L'eau de pluie s'écoule dans des tuyaux ou des ruisseaux, rivières ou lacs. Elle fait parfois des flaques d'eau sur le sol.

Parfois il y a trop de pluie et parfois il n'y en a pas assez. Lorsque l'air est froid, il risque de neiger.

Lorsqu'il s'arrête de pleuvoir et que le soleil se montre, les flaques deviennent de plus en plus petites.

Où va l'eau lorsqu'elle s'evapore? Comment l'eau va-t-elle dans le ciel pour faire plus de pluie? Qu'est-ce qu'un bulletin météorologique et comment est-il fait? Ce livre vous apprend toutes ces choses.

Où va l'eau

Après une averse, la chaleur du soleil commence à faire évaporer l'eau sur le sol.

L'eau se transforme en gouttelettes dans l'air, en laissant ainsi le sol sec. Les gouttelettes sont si petites que vous ne pouvez pas les voir. C'est de la vapeur d'eau.

Lorsque l'eau sèche, on assiste au phénomène de l'évaporation.

Essayez ceci

Un jour très chaud, tentez cette expérience pour faire évaporer l'eau.

Posez deux assiettes dans un endroit ensoleillé avec une cuiller d'eau dans chacune.

Abritez une assiette du soleil à l'aide d'un livre.

Observez les assiettes toutes les heures.

L'eau au soleil sèche la première. L'eau s'évapore toujours plus vite à la chaleur du soleil qu'à l'ombre fraîche.

Chauffer

Si une casserole sans couvercle bout à haute température, l'eau s'évapore et la nourriture brûle.

L'air chaud

Lorsque l'air est chauffé, il monte. Vous ne le voyez pas bouger, mais vous voyez parfois comment il fait monter des choses haut dans le ciel.

Essayez ceci

Tenez un très fin morceau de papier de soie au-dessus d'un radiateur.

L'air chauffé par le radiateur soulève et fait monter le papier.

La chaleur du soleil

L'air monte lorsqu'il est chauffé par le soleil. Il fait monter haut dans le ciel la vapeur d'eau du sol et de la mer.

L'eau dans l'air

Lorsque la vapeur d'eau dans l'air se refroidit, elle se transforme en gouttes d'eau que vous pouvez voir. C'est la condensation.

Votre haleine chaude et humide dégage un panache de fumée quand il fait froid.

La buée est de la vapeur d'eau transformée en fines gouttelettes dans l'air froid.

Essayez ceci

Soufflez fort sur un miroir froid et voyez ce qui se passe.

La vapeur d'eau de votre haleine s'accumule sur le miroir.

Le saviez-vous ?

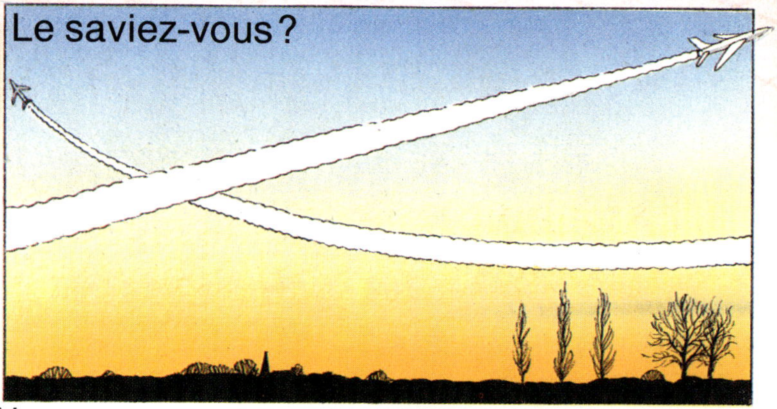

Vous pouvez parfois voir de la vapeur d'eau très haut dans le ciel derrière les avions.

Elle sort des moteurs et laisse de longues traînées de nuage blanc dans l'air froid.

La rosée

Par temps chaud, il y a beaucoup de vapeur d'eau dans l'air. Ceci parce que l'air chaud retient plus de vapeur d'eau que l'air froid.

Lorsque l'air chaud se refroidit la nuit, une partie de sa vapeur d'eau se condense. Elle se dépose en gouttes d'eau sur les feuilles et le sol frais. Ces gouttes d'eau forment la rosée que vous voyez sur le sol tôt le matin. Le soleil la fait vite évaporer.

La gelée

Si l'air devient très froid la nuit, la rosée gèle.

S'il fait très froid il n'y a pas de rosée, la vapeur d'eau en se condensant forme de la gelée.

La gelée est souvent si épaisse et blanche qu'elle ressemble à un tapis de neige.

Le brouillard

Le brouillard est formé de nombreuses gouttes d'eau qui flottent dans l'air. Il se produit lorsque l'air plein de vapeur d'eau refroidit près du sol.

L'air froid

La chaleur du soleil rebondit du sol et chauffe l'air alentour. L'air plus haut dans le ciel est beaucoup plus froid. Il est si froid que les cimes des montagnes sont enneigées toute l'année.

Comment se forment les nuages

Tous les jours l'eau de la mer s'évapore au soleil.

L'air chaud près du sol fait monter la vapeur d'eau dans le ciel.

L'air froid fait condenser la vapeur d'eau en groupes de gouttes minuscules ou cristaux de glace. Ce sont les nuages.

Le saviez-vous ?

Dans certaines régions, on peut prendre un bain de soleil tout en voyant de la neige sur les montagnes.

Au-delà des nuages

Lorsque vous décollez dans un avion, vous pouvez transpercer les nuages et voler au-dessus d'eux. Le soleil y brille toujours pendant la journée.

L'intérieur d'un nuage

Les millions de gouttelettes d'eau qui font les nuages de pluie ont des tailles différentes.

Les grosses gouttes tombent et en heurtent de plus petites. Elles se soudent pour former de plus grosses gouttes.

Lorsque les gouttes d'eau sont assez lourdes elles tombent sur la Terre en gouttes de pluie.

Au-dessous des nuages

L'eau de pluie s'accumule dans les mers, lacs, rivières et flaques. Lorsqu'il s'arrête de pleuvoir, le soleil se met à sécher cette eau.

Le temps neigeux

Comment se forment les flocons de neige

La plupart des gouttes dans les hauts nuages gèlent et forment des grains de glace dans l'air froid.

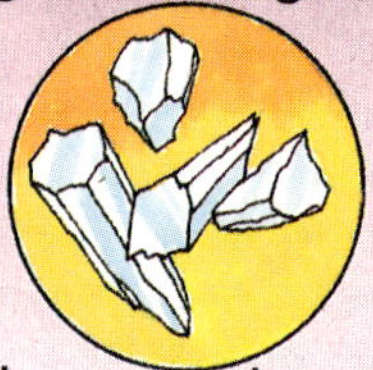

Quand elles tombent, de l'eau s'y ajoute et ils deviennent des cristaux de glace.

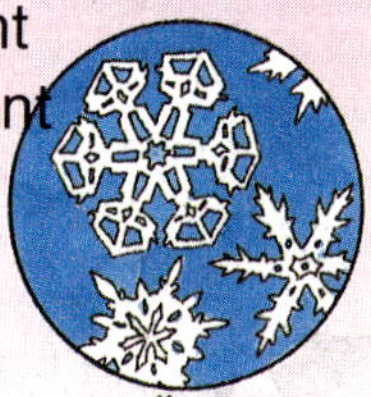

Lorsque les cristaux sont assez gros, ils se soudent entre eux et tombent en flocons de neige.

Les flocons de neige se ramollissent à l'air chaud. Ils se soudent facilement entre eux. La neige collante fait de bonnes boules de neige.

Les flocons de neige

Tous les flocons de neige ont six côtés.

Des millions de flocons de neige sont tombés sur la Terre, mais personne n'en a jamais trouvé deux identiques.

Le saviez-vous ?

Des gens ont vu des flocons de neige énormes de la taille de grandes assiettes.

Avalanches

Un skieur ou un grand bruit peuvent provoquer une avalanche.

Une avalanche, c'est beaucoup de neige qui glisse sur une pente de montagne escarpée. Ceci peut arriver lorsque la neige commence à fondre.

La grêle

Les grêlons sont des morceaux durs de glace qui se forment à l'intérieur d'une nuée d'orage. Ils tombent par terre très vite en averse.

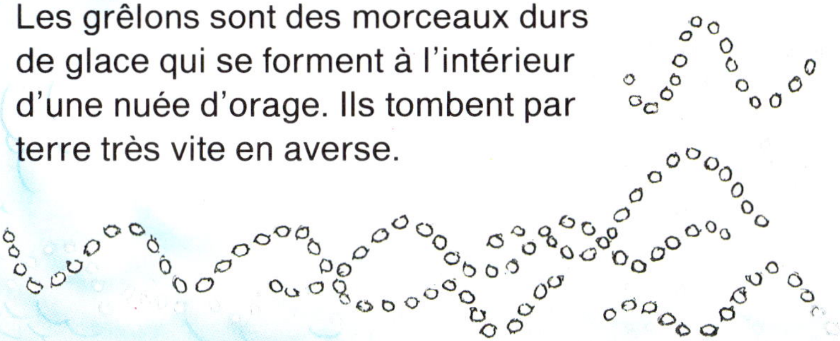

Les gouttes de pluie deviennent des billes de glace au-dessus des nuées d'orage.

Les courants d'air les projettent de haut en bas. D'autres gouttes d'eau viennent s'y souder en gelant.

Lorsque les billes sont trop lourdes pour rester en suspension, elles tombent en grêlons.

L'intérieur d'un grêlon

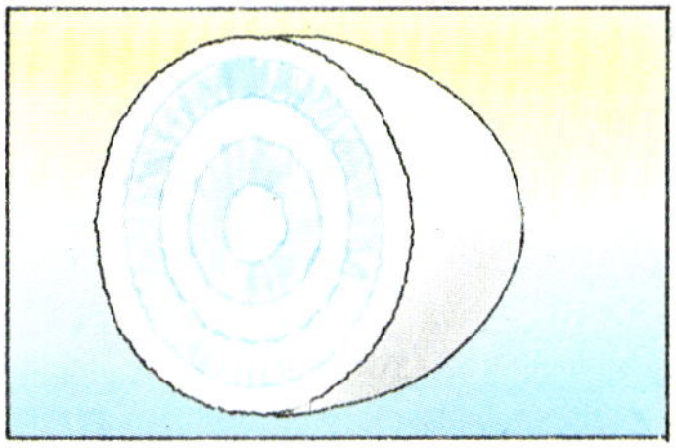

Si vous découpez un grêlon vous voyez les couches d'eau gelée.

Le saviez-vous?

Le plus gros grêlon jamais trouvé mesurait 19cm de diamètre, soit presque aussi gros qu'un ballon de football.

Dommages causés par les grêlons

Les gros grêlons peuvent endommager les voitures et briser les vitres.

Une averse peut aplatir un champ de maïs en quelques minutes.

Les arcs-en-ciel

La prochaine fois qu'il pleut et que le soleil brille en même temps, cherchez un arc-en-ciel.

Comment est fait un arc-en-ciel

Un rayon de lumière paraît blanc mais est en fait composé de plusieurs couleurs.

Lorsque le soleil brille à travers une goutte de pluie, l'eau décompose la lumière en toutes ses couleurs.

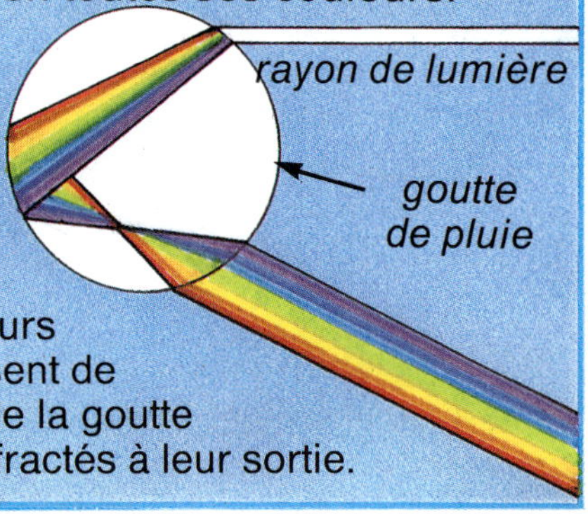

Les couleurs rebondissent de l'arrière de la goutte et sont réfractés à leur sortie.

Un arc-en-ciel se forme lorsque la lumière du soleil brille sur les gouttes d'eau qui tombent dans une cascade.

Les couleurs de l'arc-en-ciel

Il y a sept couleurs principales dans un arc-en-ciel et elles sont toujours dans le même ordre – rouge, orangé, jaune, vert, bleu, indigo et violet.

Essayez ceci

Posez un verre d'eau sur une feuille de papier blanc. Assurez-vous qu'il est devant une fenêtre ensoleillée.

Lorsque le soleil brille bien, un petit arc-en-ciel apparaît sur le papier.

Les orages

Les grands nuages noirs apportent souvent l'orage accompagné du tonnerre et d'éclairs.

Qu'est-ce que la foudre?

Une sorte d'électricité, l'électricité statique, commence à s'accumuler dans une nuée d'orage. Quand il y en a trop, elle saute du nuage et forme une énorme étincelle brûlante. Cette étincelle est l'éclair que vous voyez dans le ciel.

Le tonnerre

Un éclair chauffe l'air alentour très vite. Il amorce une vague d'air énorme qui devient de plus en plus grosse, ce qui est à l'origine du tonnerre que vous entendez.

L'éclair peut aller d'un nuage à un autre ou d'un nuage au sol.

Essayez ceci

Faites votre propre étincelle d'électricité statique.

Pressez un gros morceau de pâte à modeler contre un plateau en fer-blanc pour faire une poignée.

Tenez la pâte à modeler et frottez le plateau en rond sur un sac en plastique épais.

Tenez quelque chose en métal près du coin du plateau. Regardez l'étincelle sauter.

L'eau sur le sol

En ville, l'eau de pluie s'écoule dans les égouts. Elle est transportée par des tuyaux souterrains. A la campagne, l'eau de pluie s'écoule le long des pentes et se jette dans les ruisseaux, lacs et fleuves. Une partie s'infiltre dans le sol.

L'eau s'infiltre dans le sol. Elle tombe dans les fleuves et puits souterrains puis elle continue son cours sous le sol.

Parfois l'eau souterraine jaillit du côté d'une colline : c'est une source. La plupart des cours d'eau commencent à une source de cette façon.

Neige et glace fondent lorsque le temps se réchauffe. L’eau s’écoule et est absorbée par le sol.

L’eau des fleuves, ruisseaux et sources qui se dirigent vers la mer s’évapore en partie.

De l’eau s’évapore de la mer tous les jours. Les gouttelettes invisibles s’accumulent vite pour former des nuages.

Trop de pluie

Il y a parfois des inondations suite à une pluie torrentielle ou s'il pleut pendant longtemps. L'eau ne peut toute s'écouler dans le sol et elle coule sur les terres. Fleuves et cours d'eau sortent de leur lit.

Neige et glace

Il y a parfois des inondations au printemps quand neige et glace se mettent à fondre. L'eau ne peut s'infiltrer dans le sol encore gelé.

Arrêter l'eau

Un barrage est un mur construit à travers un fleuve pour former un lac. Il retient l'eau et peut servir à prévenir les inondations.

Une inondation soudaine

Une inondation qui arrive soudainement est une crue subite. Cela se produit lorsqu'une pluie abondante tombe dans un endroit en très peu de temps.

Il y eut une crue subite au Nouveau Pays de Galles en Australie en avril 1989. L'eau entraîna routes, ponts, voitures, édifices et animaux.

Vivre avec la pluie

Les gens en Indonésie construisent des maisons sur pilotis. Ils sont ainsi en sécurité au-dessus de l'eau au moment des crues.

Déménager

Les gens du Barotseland en Zambie déménagent à la période des crues. Ils emmènent toutes leurs affaires dans des lieux plus élevés.

Les endroits les plus secs

La sécheresse

Dans certains endroits il ne pleut pas pendant des semaines. Il n'y a pas assez d'eau pour boire ou pour nourrir les plantes. C'est la sécheresse.

Le saviez-vous ?

Dans le désert de Namib en Afrique, il pousse une plante étrange. Ses feuilles absorbent la vapeur d'eau du brouillard et elle vit pendant au moins mille ans.

Les déserts sont les endroits les plus secs du monde. Dans certains endroits il ne pleut pas pendant des années. L'eau s'évapore vite au soleil.

Les cactus sont des plantes désertiques qui conservent l'eau dont elles ont besoin dans leurs tiges.

Aux Etats Unis, l'eau du Colorado s'écoule le long de canaux jusqu'au Désert de Sonora. Elle est amenée à l'aide d'une pompe sur les terres sèches pour faire pousser les cultures.

Les longues racines du prosopis trouvent de l'eau à 53 mètres de profondeur.

Les wallabies ne boivent jamais. Leur corps a une façon spéciale d'extraire de l'eau des graines sèches qu'ils mangent.

Le saviez-vous?

Un chameau peut rester dix jours dans le désert sans boire.

Son corps transforme lentement la graisse de sa bosse en eau.

Les fleurs du désert

Les graines des fleurs restent dans les terres sèches dans l'attente de la pluie. Lorsqu'il pleut, les fleurs s'épanouissent très vite mais elles ne vivent qu'un jour ou deux.

Quel temps fera-t-il?

Un bulletin météorologique vous dit quel temps vous allez avoir. Vous le voyez à la télévision, l'entendez à la radio ou le lisez dans le journal.

Les bulletins météorologiques peuvent vous aider à décider que porter ou où passer la journée.

Les gens qui ont besoin de savoir

Un pilote d'avion a besoin de savoir quel temps il fera pendant le vol.

Un pêcheur doit savoir si le temps au large sera beau ou orageux.

Un fermier se sert des bulletins météorologiques tous les jours. Il a besoin du beau temps pour ses travaux.

Faire un bulletin météorologique

Une station météorologique est l'endroit où sont rassemblés tous les faits sur le temps à certaines heures de la journée.

D'autres faits sont obtenus des satellites à partir de l'espace.

Ils mesurent la vitesse du vent et la vapeur d'eau dans l'air. Ils mesurent même la température.

Les météorologues réunissent les faits obtenus par toutes les stations autour du monde et les satellites. Ils s'en servent des faits pour réaliser des cartes du temps. Ils se servent de ces cartes pour faire un bulletin. Cela vous indique quel temps il fera dans les jours à venir.

Mots utiles

Vous trouverez tous ces mots dans ce livre. Les images aident à vous rappeler ce que signifient les mots.

canal
C'est une voie navigable spéciale construite pour les bateaux et pour conduire l'eau à travers les terres.

condensation
Ce sont de petites gouttes d'eau que vous voyez sur les choses froides. Elle se forme quand l'air chaud et humide touche quelque chose de froid.

barrage
C'est un mur construit pour retenir l'eau et former un lac.

désert
C'est un endroit sec où il ne pleut presque jamais. Seules quelques plantes poussent.

rosée
C'est le nom donné aux petites gouttes d'eau qui se forment sur le sol frais, les feuilles et les plantes.

évaporer
C'est ce qu'il se passe lorsque l'eau sèche. Elle se transforme en petites gouttes d'eau invisibles dans l'air.

inondation
C'est un débordement d'eaux qui couvrent les terres quand la pluie est trop abondante.

gelée
Ce sont de petites gouttes d'eau gelée qui apparaissent sur les terres et sur d'autres choses par temps froid.

grêle
C'est le nom donné aux grains de glace qui se forment dans une nuée d'orage.

brouillard
Ce sont des gouttes d'eau très petites qui flottent dans l'air. Cela ressemble à des nuages près du sol.

vapeur d'eau
Ce sont de très fines gouttelettes d'eau dans l'air. Elles sont si petites que vous ne les voyez pas.

satellite météorologique
C'est une machine envoyée dans l'espace pour étudier le temps autour de la Terre.

Index

LES FLEURS, ÇA POUSSE COMMENT?

Susan Mayes

Conception de Mike Pringle
Illustrations de Brin Edwards et Mike Pringle
Traduction de Mauricette Thétiot

Rédaction de la collection: Heather Amery

SOMMAIRE

Tout sur les fleurs

Des milliers de fleurs différentes poussent aux quatre coins du monde. Elles poussent dans des jardins, sur des légumes, sur des arbres, dans les rues, dans les haies et dans votre maison.

Couleurs, formes et tailles des fleurs sont très variées. Certaines dégagent des odeurs très fortes.

Les insectes leur rendent visite. La plupart des fleurs meurent tous les ans et repoussent par la suite.

Certaines fleurs vivent dans des pays très chauds et d'autres dans des endroits froids. Dans certains coins du monde, il pousse des plantes fort étranges.

Pourquoi les fleurs ont-elles des couleurs et des odeurs différentes? Pourquoi repoussent-elles et de quoi ont-elles besoin pour bien pousser? Quelles sont les fleurs les plus étranges? Vous apprendrez tout cela dans ce livre.

Observation

Si vous observez une fleur, vous voyez qu'elle est composée de plusieurs parties qui ont chacune leur fonction.

Observons un coquelicot

Un bébé-fleur ou bourgeon pousse en sécurité à l'intérieur de deux sépales.

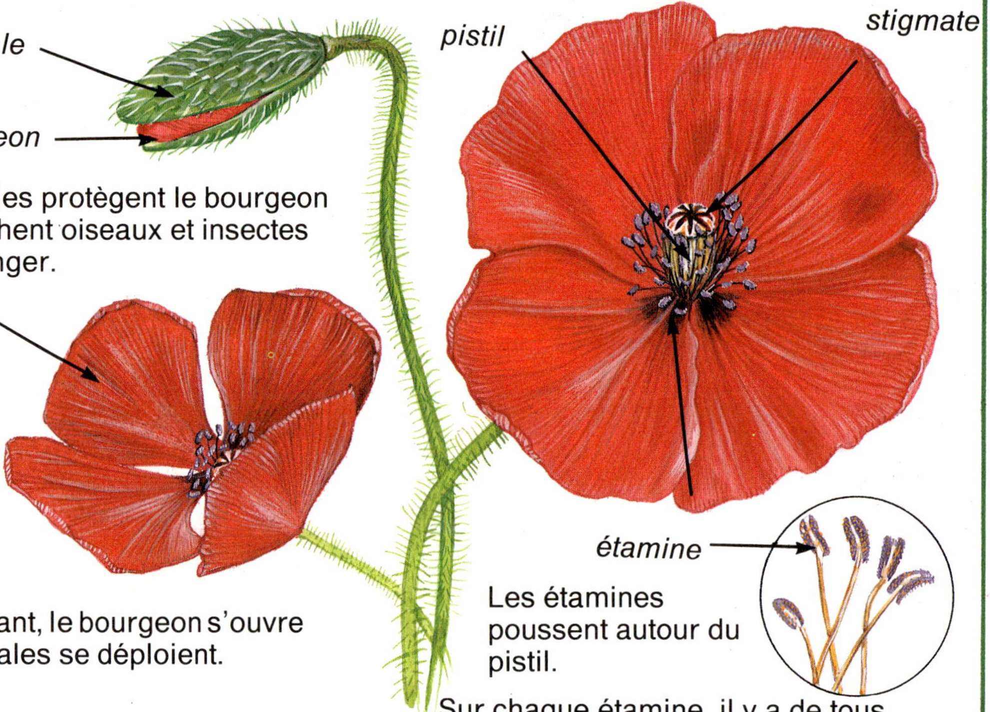

Les sépales protègent le bourgeon et empêchent oiseaux et insectes de le manger.

En poussant, le bourgeon s'ouvre et les pétales se déploient.

Le stigmate est poisseux. Il pousse sur le pistil.

Le pistil est au milieu de la fleur. De nouvelles graines pousseront à l'intérieur. On l'appelle la boîte à graines, ou l'ovaire.

Les étamines poussent autour du pistil.

Sur chaque étamine, il y a de tous petits grains de poussière dorée, c'est le pollen.

Différentes fleurs

La plupart des fleurs sont composées de la même façon, mais elles ont toutes sortes de couleurs, formes et tailles. Un nénuphar jaune a de grands sépales à l'extérieur et plein de petits pétales au milieu.

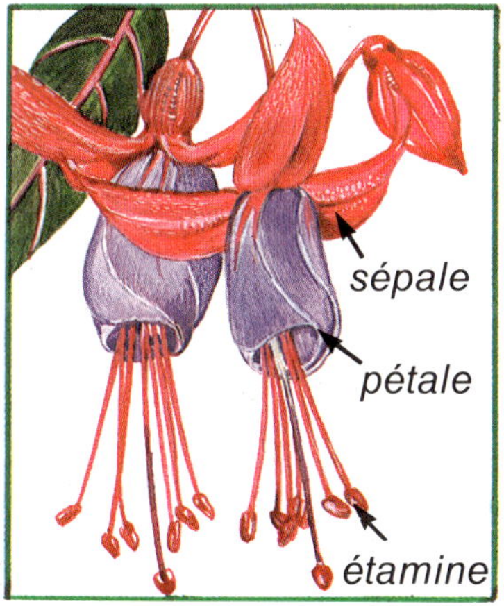

Le fuchsia a de longues étamines et des sépales et pétales éclatants.

La jonquille a un long stigmate qui pousse au bout du pistil.

Les pétales de la gueule-de-loup sont reliés entre eux.

Qui visite les fleurs ?

Les fleurs du monde entier reçoivent la visite de petits animaux, oiseaux et toutes sortes d'insectes.

Un colibri voltige autour des fleurs aux couleurs éclatantes pour boire le nectar avec son long bec.

Certaines chauve-souris volent vers les fleurs qui s'ouvrent la nuit, à la recherche du nectar et du pollen.

La plupart des animaux vont vers les fleurs pour chercher du pollen et un aliment liquide sucré, appelé nectar.

Les abeilles se posent sur toutes sortes de fleurs, à la recherche de nourriture à conserver pour l'hiver.

Les papillons se posent sur les fleurs de la buddleia pour boire le nectar avec leur longue trompe.

Un bourdon se glisse dans une digitale pour trouver l'aliment sucré.

Les signaux des fleurs

Beaucoup de fleurs utilisent des signaux pour attirer vers elles des insectes et autres petites créatures.

Les couleurs

Des couleurs et des signes spéciaux conduisent les abeilles aux fleurs et leur montrent où trouver le pollen.

On ne voit pas les signes que voient les abeilles. Elles ne voient pas de la même façon que nous.

Les odeurs

La plupart des fleurs ont une odeur sucrée qui vient des pétales et indique aux visiteurs qu'il y a là de la nourriture.

La nuit le chèvrefeuille dégage une forte odeur. C'est à ce moment-là que sortent les phalènes pour se nourrir de nectar.

Une odeur désagréable

Les mouches vont sur une stapelia pour pondre leurs oeufs parce que ça a l'apparence et l'odeur de la viande pourrie.

Les visiteurs à l'oeuvre

Insectes et autres petits animaux aident les plantes lorsqu'ils leur rendent visite pour se nourrir. Ils portent le pollen d'une fleur à une autre. Cela fait pousser les graines.

Lorsqu'une abeille se pose sur une fleur, du pollen des étamines se colle à son corps.

L'abeille vole vers la fleur suivante et laisse du pollen sur le stigmate de la fleur.

D'autre pollen se colle à l'abeille chaque fois qu'elle se pose sur une fleur.

Ouvert ou fermé

Les fleurs se ferment pour garder le pollen au sec et en sécurité s'il pleut.

Une fleur diurne ferme ses pétales la nuit pour empêcher la rosée de mouiller le pollen à l'intérieur.

Le pollen dans l'air

Certaines plantes n'ont pas besoin de visiteurs. Elles n'ont ni couleurs ni odeurs spéciales car leur pollen est porté d'une plante à une autre par le vent.

De toutes petites graines

Certains arbres ont des fleurs qui s'appellent chatons. Leurs petits grains dorés volent au vent.

L'herbe a des fleurs en haut de la tige. Le pollen est en hauteur pour qu'il puisse voler facilement.

Les nuages de pollen

En été, il y a des nuages de pollen dans l'air. Les gens qui ont le rhume des foins ne cessent d'éternuer.

Le saviez-vous ?

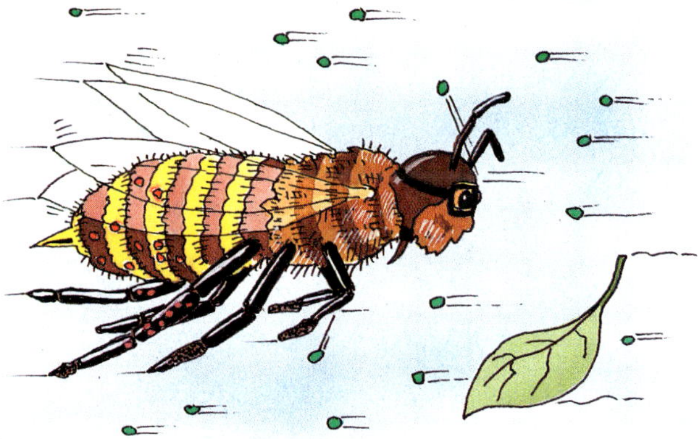

Les grains de pollen portés par les visiteurs des fleurs sont collants, mais ceux portés par l'air sont lisses et secs.

Tout sur les graines

Les graines ne peuvent pousser avant que le pollen n'arrive au stigmate. Le pollen doit venir de la même sorte de plante.

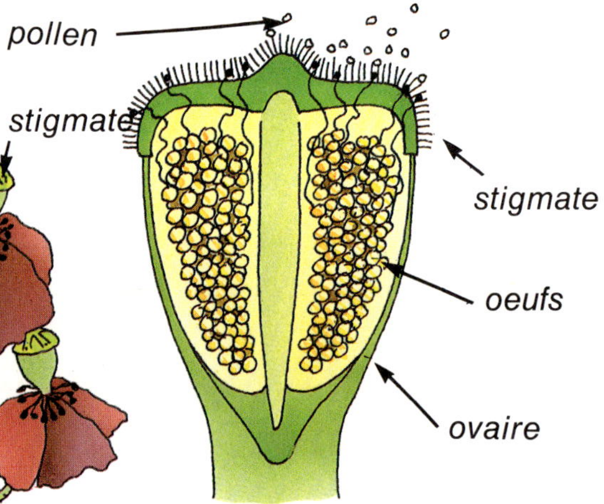

Le pollen, porté par les visiteurs, ou chassé par le vent, se pose sur une nouvelle fleur. Il colle au stigmate.

Les graines voyagent jusqu'aux oeufs minuscules à l'intérieur de l'ovaire. Ils transforment les oeufs en graines.

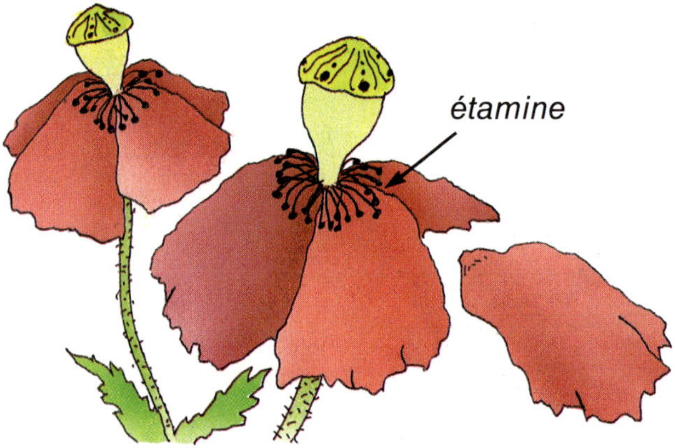

La fleur n'a plus besoin de pétales ni d'étamines, donc elle les perd. Seul reste la "boîte à graines", l'ovaire.

Les graines poussent à l'intérieur. Quand elles sont mûres elles partent par de petits trous.

Les types de graines

Beaucoup de plantes différentes ont des graines que vous pouvez manger.

Marrons, noix et noix de coco sont trois sortes de graines qui viennent d'arbres.

Les graines de tournesol servent à faire de l'huile et de la margarine. Vous pouvez aussi les cueillir pour les manger.

L'intérieur et l'extérieur

Les graines de fraises poussent sur l'extérieur du fruit. Ce sont de toutes petites graines jaunes.

Les pépins de pommes et d'oranges poussent en sécurité à l'intérieur.

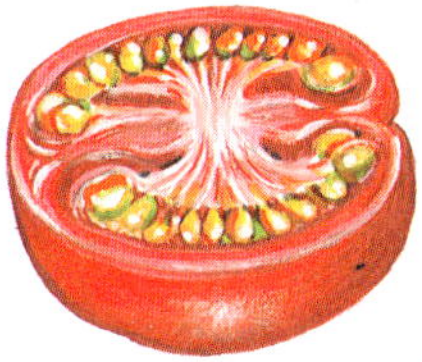

Les tomates ont plein de petites graines jaunes.

Pois et haricots sont dans des cosses.

Les mûres sont faites de petits ronds contenant des graines.

Les graines en mouvement

En sautant

Les graines de l'iris donnent naissance à des fruits ronds éclatants. Lorsque le fruit est mûr, les graines sautent et tombent par terre.

La barbe de grand-père

C'est le nom donné aux gros bouquets bouffants de la clématite. Ils sont emportés par le vent avec les graines à l'intérieur.

Les graines quittent les plantes de diverses façons. La plupart sont emportées par le vent ou portées par des animaux.

Les oiseaux aiment manger des graines aux couleurs éclatantes. Ils les emportent.

Les graines avec des crochets ou poils poisseux collent aux oiseaux et aux animaux.

Les marrons sont les graines du marronnier d'Inde. Ils tombent par terre dans des enveloppes vertes épineuses.

Les graines d'un sycomore tournent en hélice avant de se poser au sol.

Les graines de pissenlit s'envolent au vent.

Quand les graines de coquelicot sont mûres, elles sautent de la cosse.

Les fourmis emportent les graines et les conservent pour l'hiver.

Beaucoup de graines mourront ou seront mangées. Certaines sont couvertes par le sol ou les feuilles et restent ainsi jusqu'au printemps.

En roulant

L'amarante pousse en Amérique. Lorsque ses graines sont mûres, elle se met en boule. Elle roule poussée par le vent semant ainsi ses graines.

Les graines les plus rapides

La Momordique se remplit d'eau et expulse ses graines qui se déplacent à près de 100 kilomètres-heure.

Racines et pousses

Au printemps, les jours s'allongent et se réchauffent. Les graines reçoivent la chaleur et la pluie dont elles ont besoin pour se développer.

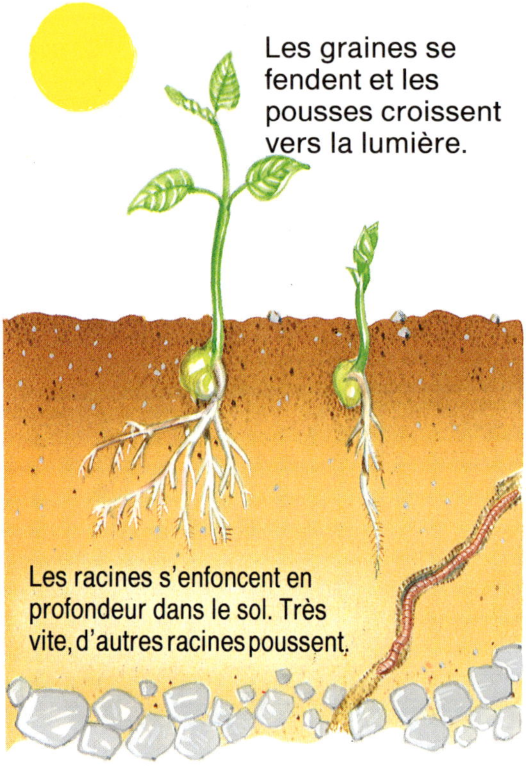

Les racines nourrissent la plante avec l'eau et des choses de la terre. Elles maintiennent aussi la plante dans le sol.

Feuilles et soleil

De petites feuilles nourrissent la plante jusqu'à ce que poussent les grandes feuilles. Les feuilles utilisent l'air et la lumière du soleil pour nourrir la plante.

Faire pousser des haricots

Mettez du papier cuisine humide dans un pot avec un peu d'eau.

Posez le pot dans un endroit chaud à la lumière. Les haricots se fendent et produisent racines et pousses.

Les vaisseaux conducteurs

Les plantes absorbent l'eau par leurs vaisseaux conducteurs – des tubes très fins à l'intérieur des tiges.

Essayez ceci

Il vous faut:
un grand bocal
du colorant pour aliments
des fleurs blanches

Dans le sol

Les vers entraînent les feuilles dans le sol.

Le sol est plein de bonnes choses pour les plantes. Feuilles et plantes mortes pourrissent et font de la bonne nourriture pour les plantes.

Mettez les fleurs dans le bocal contenant de l'eau et quelques gouttes de colorant. Après quelques jours, la pointe des pétales changera de couleur.

Deux jours plus tard, les fleurs prendront la couleur du colorant, cela parce que les fleurs aspirent l'eau et le colorant jusqu'aux pétales.

Ce que vous pouvez cultiver

Vous pouvez vous procurer des sachets de graines de fleurs et de légumes dans les magasins. Voici ce dont vous aurez besoin lorsque vous planterez des graines.

pots de fleurs ou pots de yaourt
un sac de compost
un petit arrosoir
un petit déplantoir ou une vieille cuiller
une assiette et du papier cuisine
des graines de cresson et de tournesol.

Le compost est une terre spéciale contenant des aliments riches pour les plantes.

Faire pousser du cresson

Le cresson pousse très facilement et vit à tout moment de l'année.

Vous n'avez pas besoin de terre. Répandez des graines de cresson sur du papier cuisine humide.

Votre cresson sera prêt à consommer quand il mesurera 7cm de haut.

Posez l'assiette à la lumière. Les pousses croîtront vite mais assurez-vous que le papier reste humide.

Les graines de tournesol

Au printemps vous pouvez faire pousser des graines de tournesol dans des pots.

Prenez un pot de compost pour chaque graine. Enfoncez la graine et couvrez-la d'un peu de compost. Arrosez les pots et placez-les dans un endroit chaud et ensoleillé.

Essayez de mesurer les graines de tournesol pour voir comment elles poussent.

Après quelques semaines, des pousses apparaîtront et les plantes grandiront. Lorsqu'elles ont quatre feuilles, elles sont assez grandes pour être plantées.

Rappelez-vous

Les plantes ont besoin des choses suivantes pour bien pousser.

De la lumière pour les aider à créer leur propre alimentation.

De l'eau, mais pas trop, sinon elles se décomposeraient.

De la terre qui leur apporte eau et nourriture.

Où poussent les fleurs

A la ville

Jardins et parcs ne sont pas les seuls endroits en ville où poussent les fleurs.

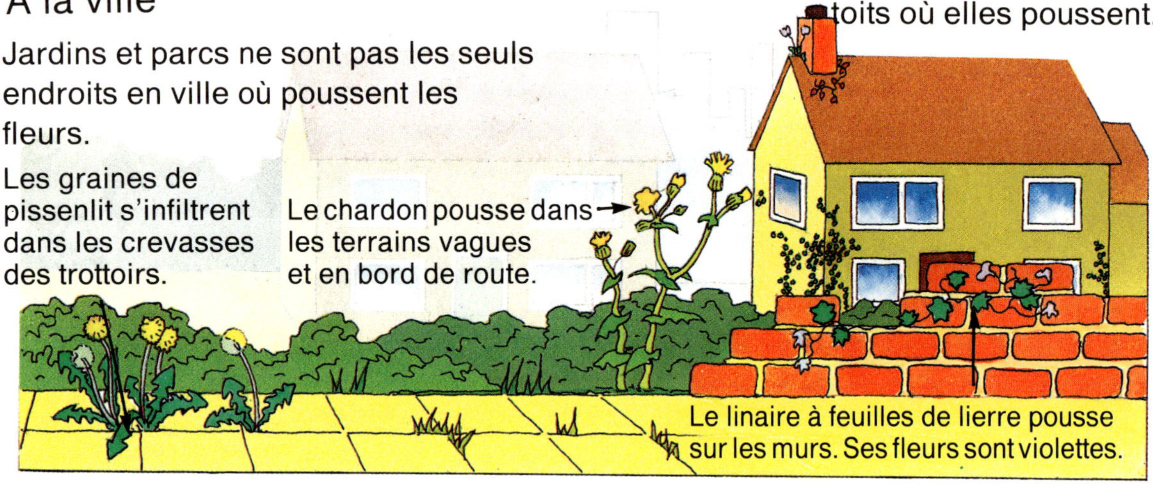

A la campagne

Beaucoup de fleurs sauvages poussent aux quatre coins du monde. Ces fleurs-ci vivent en Europe.

Dans les endroits chauds

Un cactus conserve de l'eau dans sa tige.

En Australie, certaines fleurs croissent très vite après la pluie.

Les plantes désertiques ont une façon spéciale de survivre sans beaucoup de pluie.

Dans les endroits froids

L'edelweiss a un manteau de duvet qui garde la chaleur et préserve du froid.

Le statice pousse près du sol, hors du vent froid glacial.

Les plantes qui poussent dans les lieux froids et enneigés trouvent des moyens pour se préserver.

Près de l'eau

Certaines fleurs poussent bien en bord de mer, près des ruisseaux et dans d'autres endroits humides.

Le houx marin croît sur les plages. Il a des feuilles piquantes et des fleurs bleu ciel.

Le souci d'eau aime les fossés et les lieux humides.

Le liseron marin a des fleurs roses à rayures blanches. Il aime les plages sablonneuses.

La renoncule des marais flotte sur l'eau.

De drôles de plantes

Il y a beaucoup de plantes et de fleurs étranges aux formes et tailles étonnantes. Certaines mangent même de petits animaux.

Des fleurs gigantesques

La rafflésie est aussi très odorante.

La fleur de la rafflésie est la plus grande du monde. Elle mesure près d'un mètre.

Le cactus géant

Le saguaro est le plus grand cactus du monde. Il mesure 15 mètres de haut et vit plus de 200 ans.

Des plantes minuscules

La plante à fleurs la plus petite est une sorte de lentille d'eau. Elle est si petite qu'on dirait de l'écume.

Les fleurs pièges

La dionée est bordée de longs cils qui se ferment pour emprisonner insectes et petites créatures.

Le droséra a des feuilles à boutons collants. Les insectes viennent s'y coller et s'en nourrit la plante.

Une vieille plante d'appartement

En 1801 à Vienne, un homme cultiva dans un pot une plante qui est encore vivante et aura bientôt 200 ans.

Le nénuphar le plus fort

La victoria amazonica est assez solide pour porter un enfant sur ses géantes feuilles qui flottent sur l'eau.

Mots utiles

Vous trouverez tous ces mots dans ce livre. Les dessins vous rappellent ce que signifient les mots.

rhume des foins

Les gens qui ont le rhume des foins éternuent quand il y a beaucoup de pollen dans l'air.

insecte

C'est un petit animal à six pattes dont le corps comprend trois parties. Une abeille est un insecte.

nectar

C'est le suc mielleux contenu dans les fleurs. Les abeilles s'en servent pour faire du miel.

pistil

De nouvelles graines poussent dans cette partie de la fleur. Cela comprend aussi l'ovaire.

pollen

Ces grains microscopiques d'une fleur transforme de nouvelles graines en une autre fleur.

racines

Ce sont les parties de la plante qui croissent dans le sol. Elles absorbent l'eau et les éléments du sol dont elles nourrissent la plante.

sépales

Ils enveloppent le bourgeon pour le garder en sécurité pendant sa croissance.

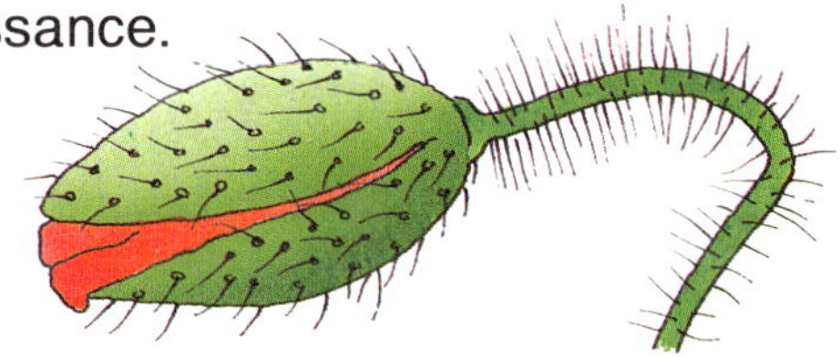

pousses

Ce sont les nouvelles parties d'une plante.

étamine

C'est la partie de la fleur qui renferme le pollen à son extrémité.

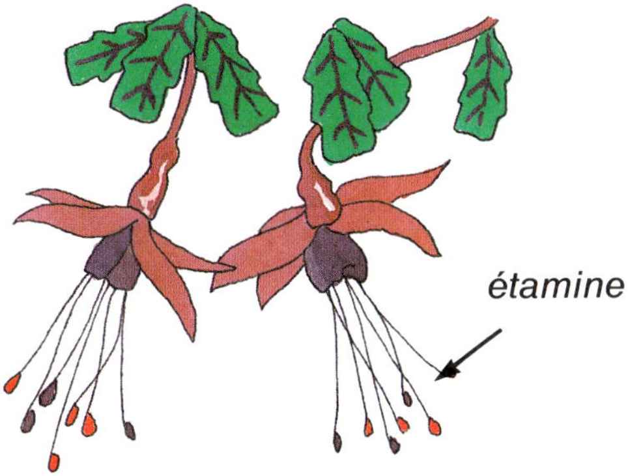

tige

C'est la partie allongée qui porte les fleurs au-dessus du sol.

stigmate

Cette partie de la fleur est poisseuse. Le pollen d'une autre fleur s'y colle facilement.

vaisseaux conducteurs

Ce sont de petits tubes à l'intérieur de la tige où s'effectue la circulation de la sève dont se nourrit la plante.

Index

L'ÉLECTRICITÉ, D'OÙ ÇA VIENT?

Susan Mayes

Conception de Mike Pringle
Illustrations de John Shackell et John Scorey

Réalisation de la collection: Heather Amery
Traduction: Nathalie Chaput

SOMMAIRE

L'électricité est partout

L'électricité apporte énergie, lumière et chaleur aux villes et aux villages du monde entier.

Grâce à l'électricité, les villes peuvent s'éclairer et les trains rouler à grande vitesse.

Elle parcourt de longues distances pour apporter son énergie dans des endroits reculés.

Vous ne voyez pas l'électricité, pourtant vous vous en servez en permanence et elle est présente partout.

D'où vient l'électricité? Comment arrive-t-elle chez vous et qu'y fait-elle?

Ce livre répondra à toutes vos questions.

Électricité et lumière

Il y a plus d'un siècle, en 1879, Thomas Edison fabriqua la première ampoule électrique. Aujourd'hui, le monde en consomme des millions.

Combien d'ampoules électriques comptez-vous dans votre maison et au-dehors?

A l'intérieur d'une ampoule

Quand vous appuyez sur l'interrupteur, l'électricité traverse les fils et va jusqu'à l'ampoule.

Là, elle se déplace dans un rouleau de fil très fin, appelé filament, et le chauffe.

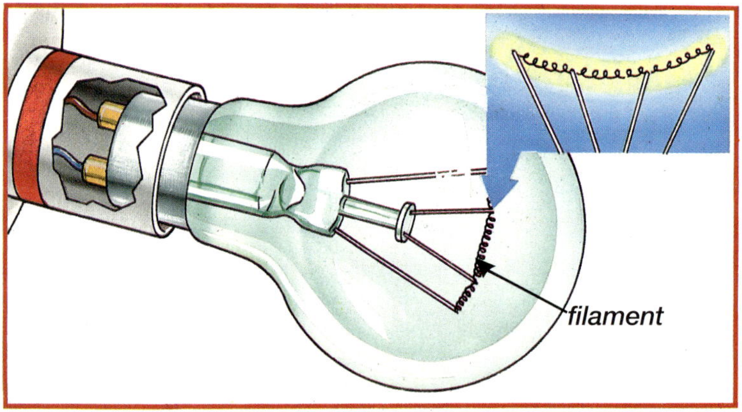

Le filament est en tungstène. C'est un métal qui s'échauffe sans fondre.

Il devient de plus en plus chaud, rougit, puis blanchit et brille: c'est la lumière que vous voyez.

Le saviez-vous?

Certains phares utilisent des ampoules 20 fois plus puissantes que celles des lampes.

Des miroirs spéciaux renvoient la lumière jusqu'à 40 kilomètres au large des côtes.

L'électricité peut être très dangereuse. Ne jouez jamais avec les fils électriques!

Électricité et chaleur

Des fils spéciaux, appelés résistances, s'échauffent lorsqu'ils sont traversés par de l'électricité.

Ces résistances sont très utiles parce qu'elles permettent de chauffer toutes sortes de choses.

Lorsque vous branchez un radiateur électrique, les résistances, qui se trouvent à l'intérieur, dégagent de la chaleur et le radiateur chauffe la pièce.

Lorsque vous branchez un sèche-cheveux, les rouleaux de fil métallique à l'intérieur s'échauffent et un ventilateur souffle de l'air chaud sur vos cheveux.

La plupart des cuisinières électriques ont des résistances à l'intérieur des plaques chauffantes. Lorsque vous les allumez, elles chauffent et vous pouvez faire la cuisine.

Le saviez-vous?

Certains terrains de football sont chauffés par des câbles souterrains.

Ainsi, la pelouse ne gèle pas lorsqu'il fait très froid.

Comment fonctionne une pile?

Certains jouets fonctionnent grâce à une petite quantité d'électricité fournie par une pile.

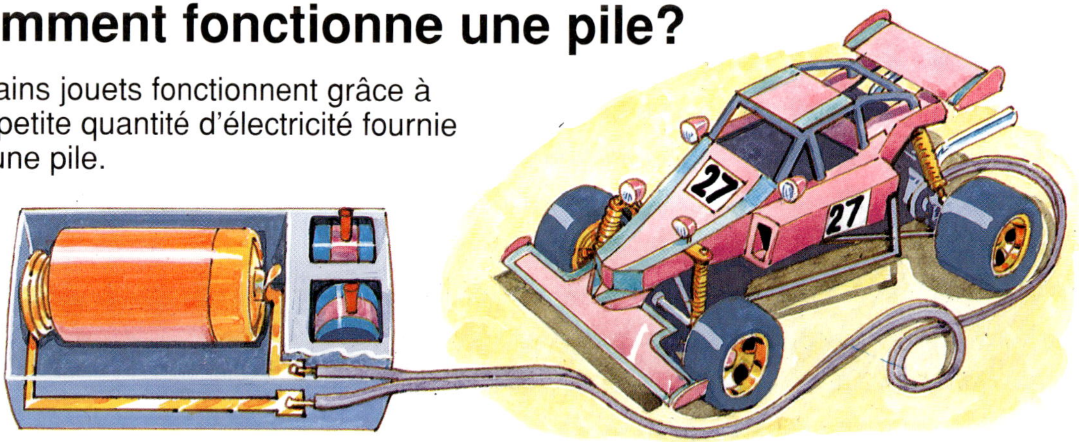

A l'intérieur de cette pile, il y a des produits chimiques qui réagissent ensemble pour faire de l'électricité.

Lorsqu'elle circule à travers les fils électriques, le jouet fonctionne. Les produits chimiques s'épuisent et la pile s'use.

Objets à pile

Les montres digitales fonctionnent grâce à l'électricité fournie par une petite pile plate.

L'ampoule d'une torche électrique s'allume lorsque l'électricité produite par la pile passe dans son filament.

Le moteur, les lumières et le chauffage d'une voiture fonctionnent grâce à une pile particulière puissante, la batterie.

Essayez ceci

Demandez à un adulte de vous aider à créer un circuit électrique simple. Il vous faut:
2 fils électriques recouverts de plastique,
1 pile de 1,5 volt,
1 ampoule et son support,
du ruban adhésif, un petit tournevis et des ciseaux.

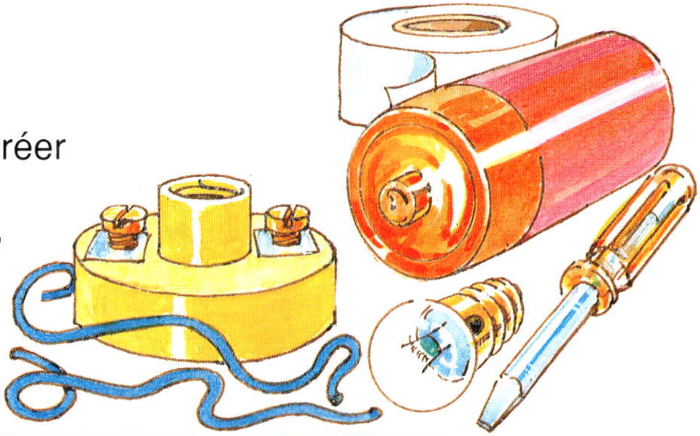

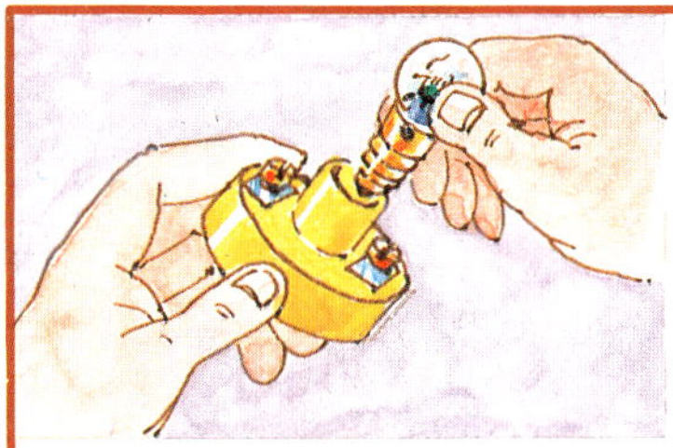

Vissez l'ampoule sur son support.

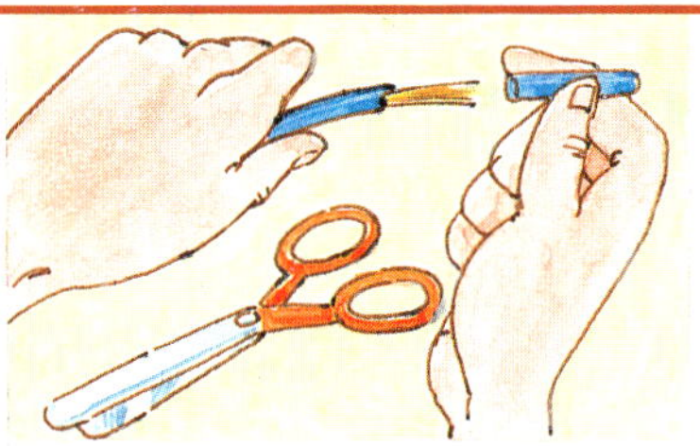

Dénudez les extrémités des fils électriques.

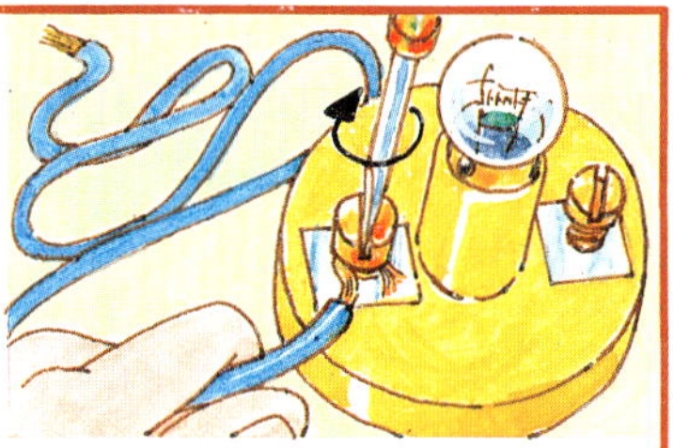

Fixez l'extrémité d'un des fils à une des vis du support.

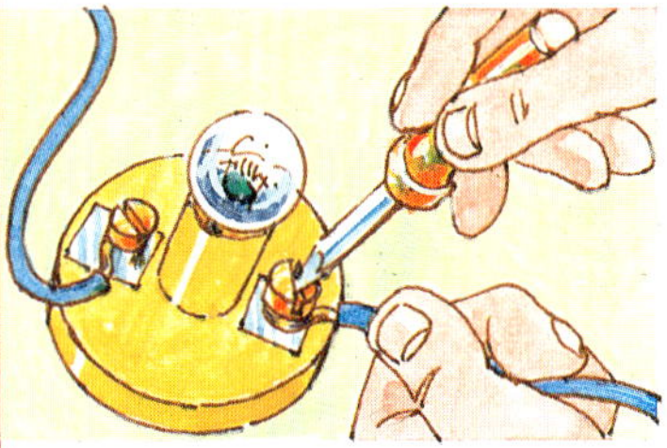

Fixez l'extrémité de l'autre fil à la vis libre du support.

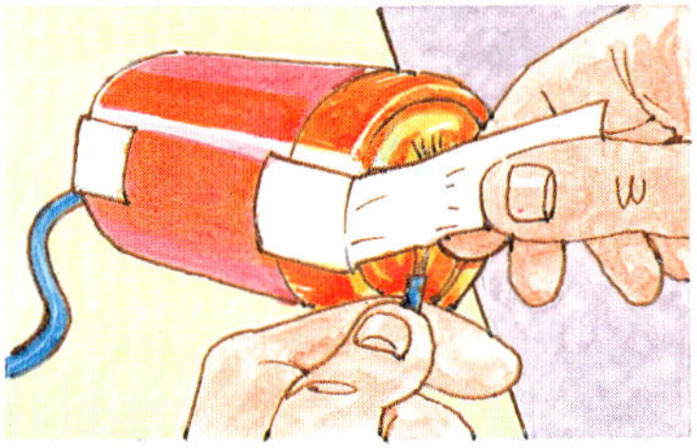

Avec du ruban adhésif, collez les extrémités libres des fils à chacun des bouts de la pile.

L'ampoule s'allume lorsque l'électricité passe à travers les fils.

De l'électricité qui circule dans un fil s'appelle du courant électrique.

Si le courant ne peut pas passer de la pile vers l'ampoule, on dit que le circuit est "ouvert". La lumière s'éteint.

Le téléphone

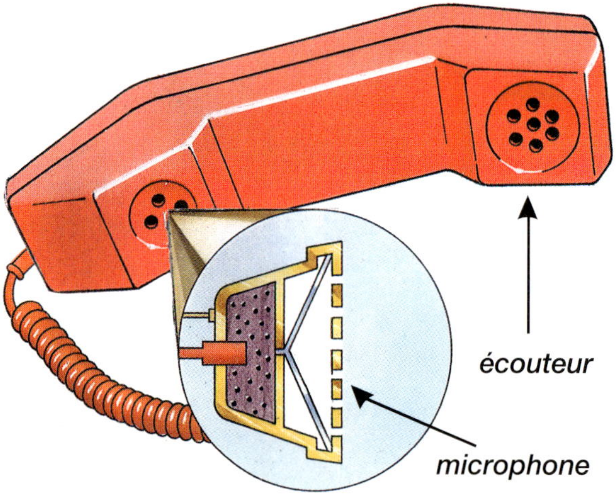

Lorsque vous composez un numéro de téléphone, un message électrique est envoyé à un central téléphonique, qui le transmet à la personne appelée.

Le microphone à l'intérieur du combiné convertit le son de la voix en signaux électriques. Ceux-ci sont transportés par des câbles jusqu'au destinataire.

Certains câbles sont aériens, mais la plupart sont souterrains. Les signaux électriques sont transmis à des milliers de kilomètres.

Le petit haut-parleur dans l'écouteur transforme les signaux électriques reçus en sons, qui restituent la voix.

La télévision

La télévision fonctionne dès que vous l'allumez. C'est aussi grâce à l'électricité. Elle vous permet d'entendre le son et de voir les images.

Comment ça marche?

La caméra de télévision transforme les images en signaux électriques.

Le microphone transforme le son en signaux électriques.

Les signaux circulent dans un câble jusqu'à l'émetteur de télévision.

L'émetteur envoie les signaux de son et d'image dans l'air.

L'antenne de télévision de votre maison reçoit ces signaux.

Votre télévision restitue les signaux en images et en sons.

Le saviez-vous?

Dans l'espace, des machines appelées satellites reçoivent les signaux électriques émis par les radios, les téléphones et les télévisions. Ils les retransmettent dans le monde entier.

Les signaux sont envoyés par un gros émetteur.

L'électricité à la maison

L'électricité est fabriquée dans une centrale électrique. Là, elle passe dans un transformateur qui augmente sa force, afin de permettre son utilisation à un grand nombre de personnes.

Les coupures

Parfois, la foudre frappe une ligne à haute tension et l'abîme.

Des interrupteurs de circuit empêchent l'électricité de circuler dans la partie endommagée.

Certaines personnes sont privées d'électricité tant que la ligne n'est pas réparée.

Sur l'ensemble du pays, d'autres transformateurs réduisent la force de l'électricité pour une utilisation domestique.

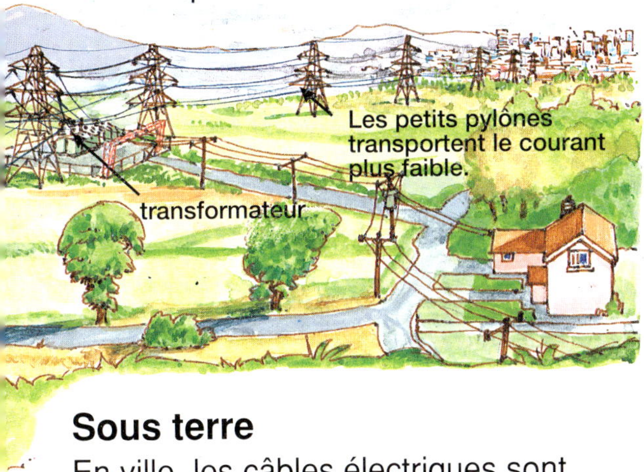

Sous terre

En ville, les câbles électriques sont disposés sous terre. Ils apportent le courant dans les maisons.

Les ouvriers cassent la chaussée pour réparer les câbles enterrés.

Chez vous

Les fils électriques qui transportent le courant sont dissimulés dans les murs, les plafonds et sous les planchers, par sécurité.

Se brancher

Grâce à l'électricité, les outils, les lampes et les appareils ménagers fonctionnent.

Il suffit de les brancher et le courant passe dans les fils. La prise s'adapte dans le mur.

D'où vient l'électricité?

L'électricité que vous utilisez chez vous est produite dans des usines, appelées centrales. Il y en a de plusieurs sortes.

Le charbon et le pétrole

Le charbon et le pétrole se sont formés dans les profondeurs de la Terre, il y a des millions d'années. Certaines centrales les utilisent pour produire de l'électricité.

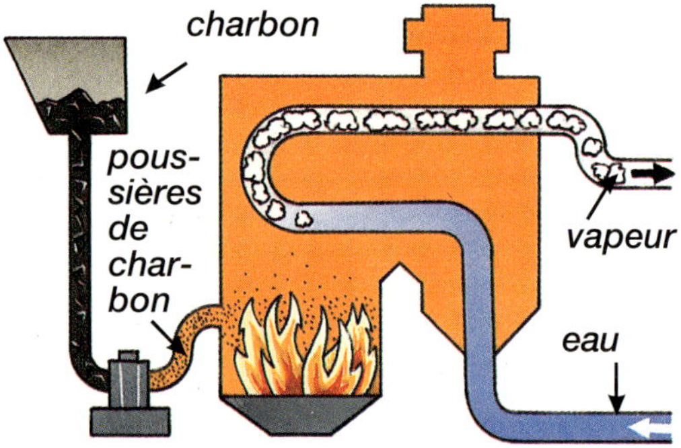

Le charbon et le pétrole brûlent dans une chaudière et y chauffent de l'eau. Celle-ci devient de plus en plus chaude et se transforme en vapeur.

Des tuyaux transportent la vapeur d'eau jusqu'à une machine appelée turbine. La vapeur pousse les grandes roues à ailettes de la turbine et les fait tourner très vite.

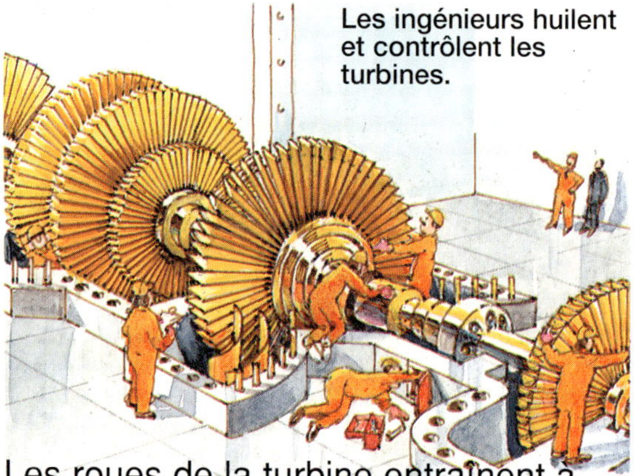

Les ingénieurs huilent et contrôlent les turbines.

Les roues de la turbine entraînent à leur tour une autre machine appelée générateur. C'est elle qui produit le courant.

Les centrales nucléaires

Les centrales nucléaires utilisent un combustible appelé uranium. Il est extrait du sol et préparé d'une façon spéciale pour produire de l'électricité.

Le réacteur

L'uranium est introduit dans le réacteur de la centrale nucléaire sous forme de barres, qui vont dégager beaucoup de chaleur.

Derrière la vitre, les visiteurs observent une machine de chargement du combustible.

L'uranium émet des radiations, qui sont invisibles mais dangereuses. Un bouclier protecteur en béton, tout autour du réacteur, empêche qu'elles ne s'échappent.

L'eau et la vapeur

La chaleur produite dans le réacteur chauffe de l'eau qui circule dans des tuyaux. Celle-ci se transforme en vapeur, qui va jusqu'aux turbines.

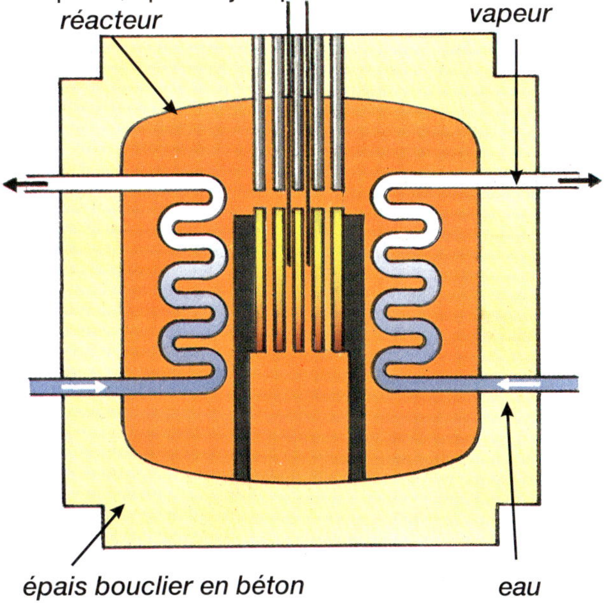

La vapeur fait tourner les turbines, qui vont entraîner le générateur. Comme tous les générateurs, celui-ci produit de l'électricité.

L'énergie de l'eau

Une centrale hydro-électrique utilise la force de l'eau en mouvement pour produire de l'électricité. L'eau tombe du haut d'un immense lac, appelé réservoir.

L'eau tombe du haut du réservoir dans des tuyaux énormes, appelés pipelines. Certains font dix mètres de diamètre.

Les turbines

Au bout de chaque pipeline, il y a une couronne mobile, qui est entraînée par l'eau.

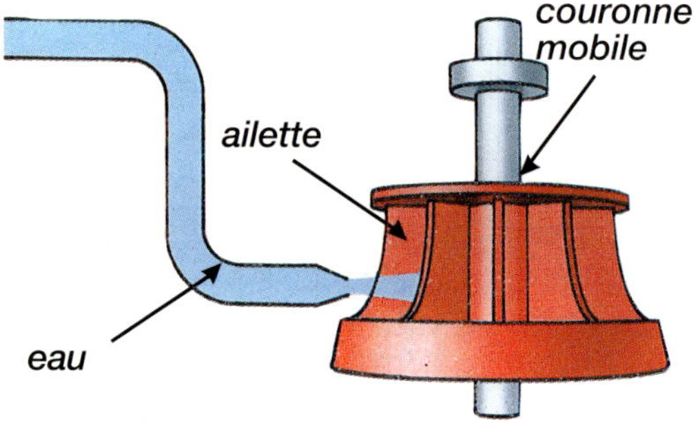

L'eau qui arrive pousse les ailettes métalliques et fait tourner la couronne à toute vitesse.

Le générateur

Lorsque la couronne tourne, elle actionne le générateur qui produit alors de l'électricité.

L'eau est réutilisée

Les cours d'eau et les rivières alimentent en permanence le réservoir.

Les centrales hydro-électriques utilisent cette eau pour produire de l'électricité.

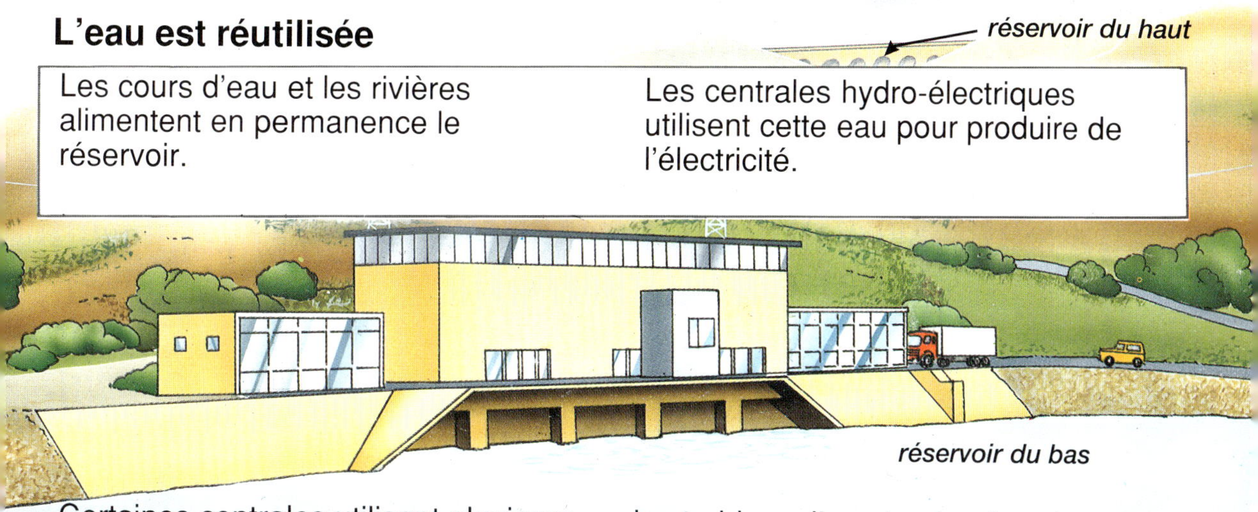

Certaines centrales utilisent plusieurs fois la même eau. Après avoir actionné les turbines, l'eau tombe dans le réservoir du bas.

Pompage

Une énorme pompe, qui fonctionne grâce à l'électricité, remonte l'eau du réservoir du bas dans celui du haut, ce qui permet ainsi de la réutiliser.

Pêche

L'eau qui a servi à une centrale hydro-électrique est propre. D'ailleurs, il y a des poissons dans le réservoir.

Se déplacer

Grâce à l'électricité, les trains à grande vitesse, ceux du métro, les bateaux et les avions peuvent fonctionner. Elle permet même de contrôler les fusées spatiales.

Les trains électriques

L'électricité leur est fournie soit par des câbles aériens soit par un troisième rail au sol. Elle est transmise au moteur qui entraîne les roues.

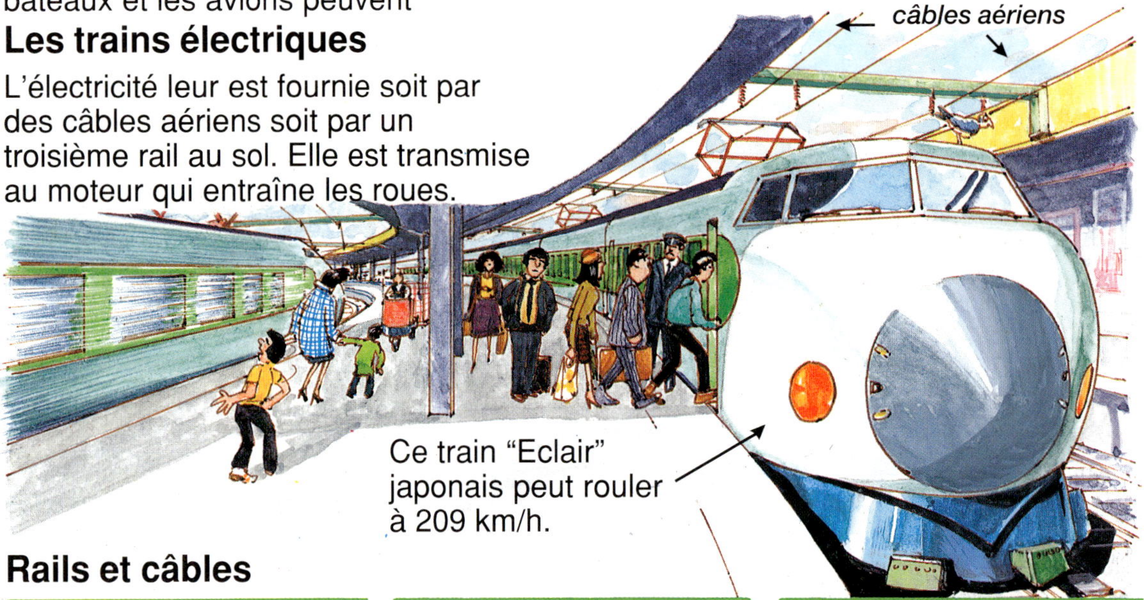

Ce train "Eclair" japonais peut rouler à 209 km/h.

Rails et câbles

Des câbles aériens fournissent le courant électrique nécessaire aux trolleys.

Un rail électrique dans le sol transmet l'électricité à certains tramways.

Les trains du métro marchent à l'électricité grâce à leur troisième rail.

Sur l'eau et dans l'air

Les commandes ainsi que les instruments sur les bateaux et les avions sont électriques.

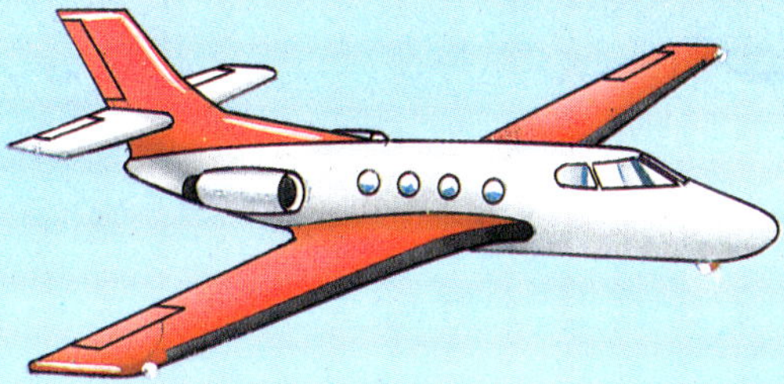

Les cadrans et les manettes d'un avion fonctionnent grâce à des circuits électriques.

Un bateau a besoin d'électricité pour son chauffage et son éclairage. Elle permet aussi de faire marcher la radio de bord et de contrôler le pilotage.

Voyage dans l'espace

La navette spatiale est mise à feu au moyen de signaux électriques.

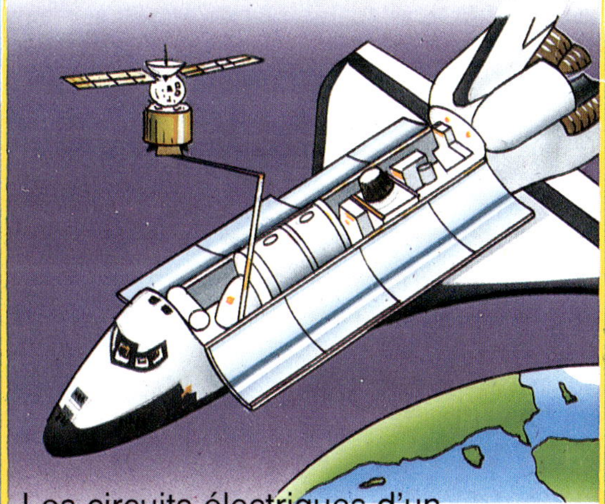

Les circuits électriques d'un ordinateur permettent à l'équipage de piloter la navette et d'utiliser les instruments scientifiques.

Autres formes d'électricité

L'électricité statique est une forme d'électricité. Elle ne circule pas à travers des fils comme le courant électrique, mais réalise des choses étonnantes.

Essayez ceci

Frottez un stylo en plastique contre un tricot en laine pendant environ 30 secondes.

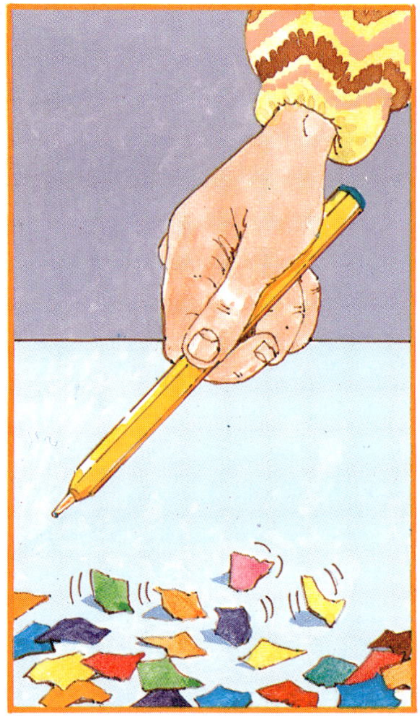

Approchez le stylo tout près de quelques morceaux de papier fin.

Regardez comme les morceaux de papier semblent attirés par le stylo et s'y collent.

Que s'est-il passé?

Quand vous avez frotté le stylo contre la laine, il s'est chargé d'électricité statique. C'est elle qui a attiré les morceaux de papier vers le stylo, comme par magie.

Le saviez-vous?

Avant un orage, les nuages emmagasinent de l'électricité statique. Lorsqu'il y en a trop, elle se transforme en éclair.

Si la foudre tombe sur le bâtiment, le paratonnerre conduit la décharge d'électricité jusqu'au sol et éloigne le danger.

De minuscules étincelles

Dans le Dakota, aux Etats-Unis, un arbre foudroyé au cours d'une tempête s'est couvert de minuscules étincelles.

Elles étaient produites par l'électricité statique. Chaque brindille de l'arbre était illuminée comme dans un conte de fées.

Un poisson électrique

Il existe un poisson qui produit de l'électricité: c'est l'anguille électrique.

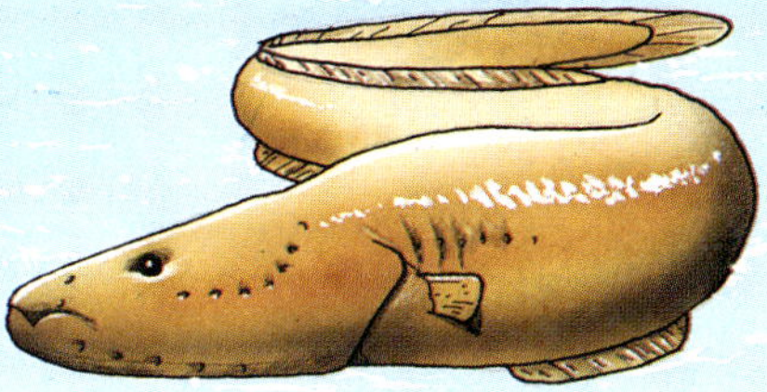

Elle envoie une décharge électrique sur sa proie avant de l'avaler.

L'énergie de demain

Un jour, le charbon et le pétrole utilisés pour la production d'énergie électrique seront épuisés. On cherche donc de nouvelles façons d'obtenir de l'électricité.

L'énergie du soleil

Le toit des maisons pourrait être équipé d'un panneau solaire, sorte de grande vitre qui capte les rayons du soleil pour chauffer les habitations.

La lumière solaire fournit de l'électricité grâce à la cellule solaire.

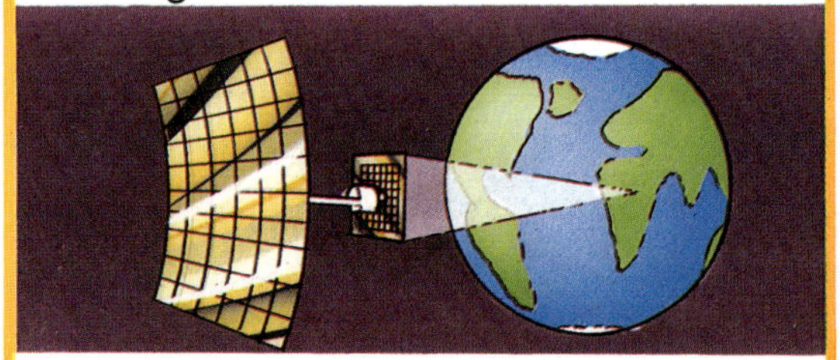

On projette de placer dans l'espace un capteur solaire fait de cellules solaires. L'électricité ainsi obtenue serait transmise sur la terre.

L'énergie du vent

Depuis des centaines d'années, l'énergie du vent fait tourner les moulins. De nos jours, des moulins particuliers appelés éoliennes fournissent de l'électricité.

En soufflant, le vent fait tourner les immenses pales de l'éolienne. Elles entraînent un générateur qui va produire de l'électricité.

L'énergie de l'eau

Les chercheurs étudient comment utiliser l'énergie du mouvement des vagues en haute mer. L'électricité obtenue en grande quantité pourrait être exploitée sur terre.

Certains pays projettent de construire des usines qui fourniraient de l'électricité grâce à la force des marées montantes et descendantes.

Voyager à très grande vitesse

Les trains électriques du futur n'auront peut-être pas de roues. Ils glisseront sur des rails électriques spéciaux.

Ils rouleront à plus de 400km/h.

Voitures électriques

Des voitures qui fonctionnent à l'électricité existent déjà. Cependant, il y a encore beaucoup de problèmes à résoudre avant que toutes ne se passent d'essence.

Mots utiles

Vous trouverez tous ces mots dans ce livre. Les images vous aideront à vous rappeler ce qu'ils signifient.

antenne

Elle reçoit les signaux électriques émis dans l'air. Votre télévision ou la radio de votre voiture retransmettent ces signaux grâce à leur antenne.

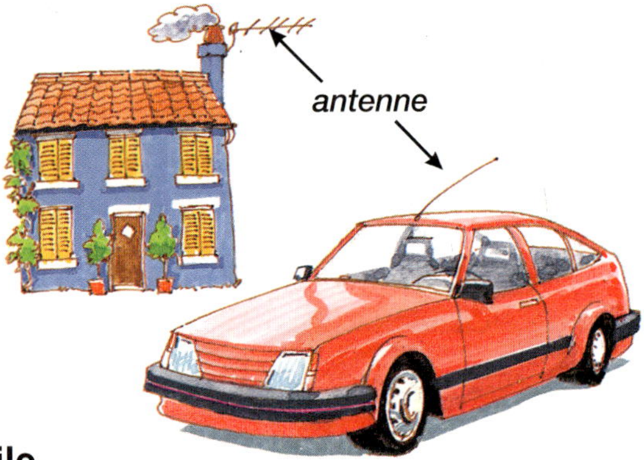

pile

Elle contient des produits chimiques qui réagissent entre eux pour produire de petites quantités d'électricité.

câbles électriques

C'est un ensemble de fils métalliques enveloppés dans une gaine spéciale qui conduisent les signaux électriques sous la terre.

circuit électrique

C'est le chemin que parcourt l'électricité à travers des fils. Le courant doit circuler d'un bout à l'autre du circuit pour faire fonctionner un appareil.

filament

C'est un rouleau de fil très fin à l'intérieur d'une ampoule. Lorsque l'électricité passe dans le filament, il brille et donne de la lumière.

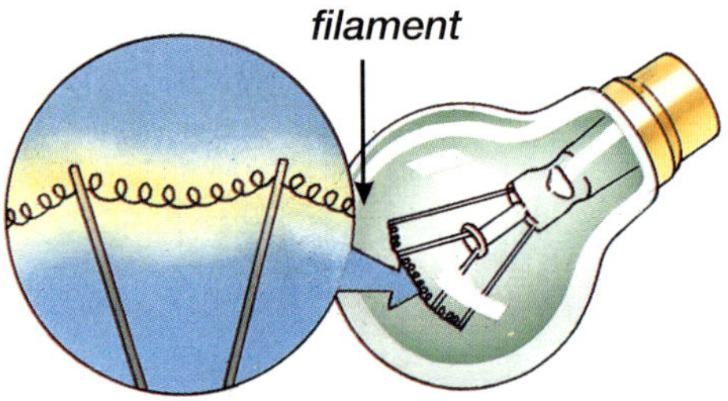

générateur

C'est une machine qui produit de l'électricité. Dans les centrales électriques, les générateurs sont énormes.

central téléphonique

Lorsque vous composez un numéro de téléphone, une machine, le central, sonne chez la personne demandée.

pylônes

Ce sont de grands poteaux en acier très solides. Ils transportent en toute sécurité et loin du sol les câbles électriques.

transformateur

C'est un appareil qui augmente ou réduit la force du courant électrique.

réacteur

C'est le coeur d'une centrale nucléaire, là où les barres d'uranium dégagent beaucoup de chaleur.

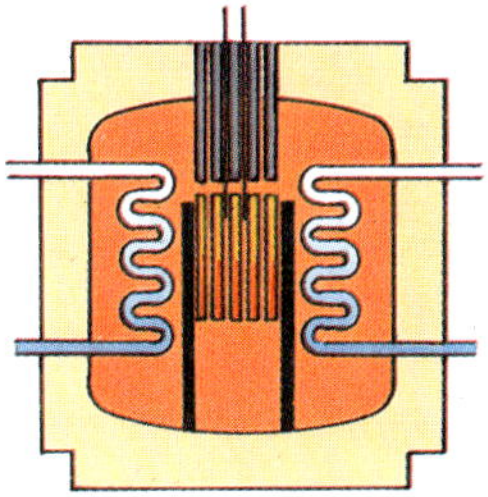

turbine

C'est une machine formée de grandes roues qui tournent lorsque leurs ailettes sont frappées par de l'eau, de la vapeur d'eau ou de l'air.

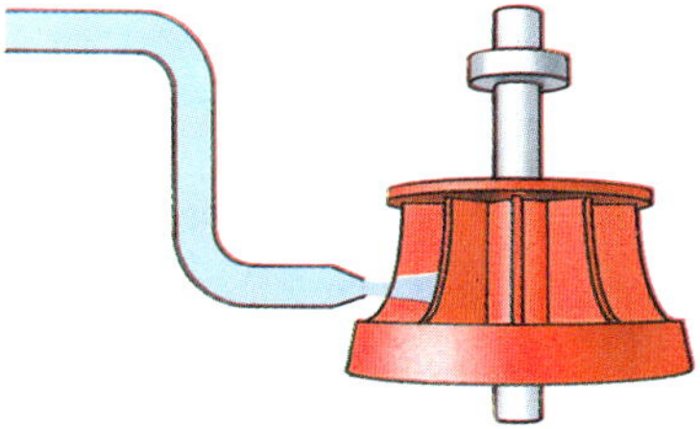

Index

Imprimé en Belgique.

SOUS LA TERRE, QU'EST-CE QU'IL Y A?

Susan Mayes

Conception de Mike Pringle
Illustrations de Mike Pringle, Brin Edwards et John Scorey
Traduction de Nathalie Chaput

SOMMAIRE

Sous vos pieds

Sous terre, il existe un monde que vous ne soupçonnez pas et où il se passe quelque chose à chaque instant.

Les travailleurs

Des tas de gens différents travaillent sous terre. Ils creusent, construisent ou réparent ce monde souterrain, voyagent même dans des tunnels spéciaux.

Les animaux

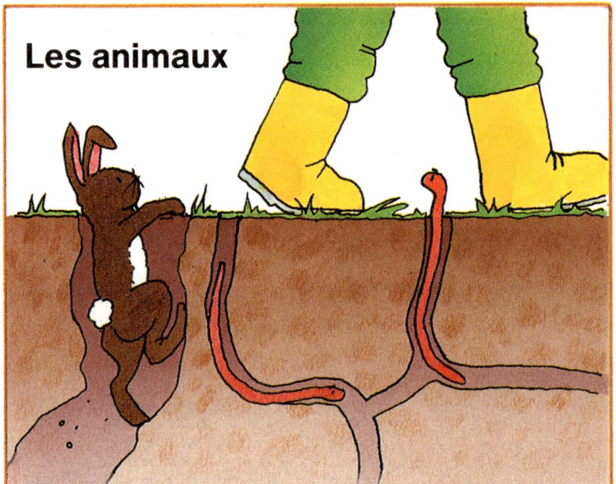

De minuscules créatures et des animaux vivent en grand nombre dans le sol, sous vos pieds. Certains sortent parfois pour jouer ou pour chasser, d'autres ne se montrent jamais.

Les plantes

Elles s'enracinent profondément dans le sol. Leurs racines puisent l'eau et la nourriture dans la terre, cela les aide à pousser.

Il y a très longtemps

On a retrouvé, enfouis dans le sol, les os de gigantesques créatures disparues il y a des millions d'années.

Des squelettes de dinosaures, découverts dans certains pays, nous montrent à quoi ressemblaient ces animaux.

Matériaux extraits du sol

Les matériaux qui sont extraits du sol servent à construire des maisons ou à fabriquer des objets quotidiens.

Des choses nombreuses et diverses sont enfouies sous vos pieds. Vous allez les découvrir à travers ce livre.

Sous la rue

Tunnels, tuyaux et câbles sont installés sous terre pour ne pas encombrer la rue. Vous ne les voyez pas, mais certains indices vous avertissent de leur présence.

Eau propre

L'eau qui sort du robinet est pompée à la conduite d'eau principale de la ville.

Des conduites secondaires sont branchées sur la conduite principale et apportent l'eau chez vous.

Eau usée

Les eaux sales et les déchets des maisons sont évacués dans des égouts.

Les égouts forment un réseau de canalisations souterraines.

Eau de pluie

Les eaux de pluie tombent dans un bac de décantation placé sous la rue.

Les déchets restent au fond du bac et l'eau circule dans le réseau de drainage.

Le saviez-vous?

La plupart des câbles du téléphone sont composés de fils de verre qui transportent les messages.

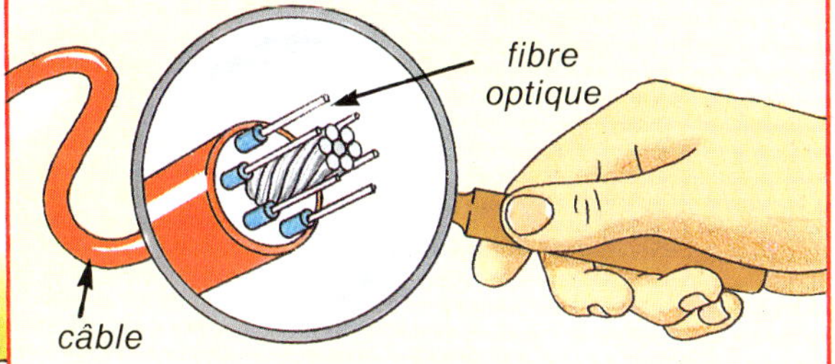

Chacun de ces fils, appelé fibre optique, est aussi fin qu'un cheveu. Il peut véhiculer des milliers de messages en même temps.

Installer un câble électrique

Les câbles électriques fournissent de l'électricité aux habitations, aux écoles, aux usines, aux hôpitaux et aux magasins. Ils passent généralement sous terre.

On creuse d'abord de grosses tranchées dans la rue et on y dépose des tuyaux, appelés conduites, qui sont ensuite recouverts de terre.

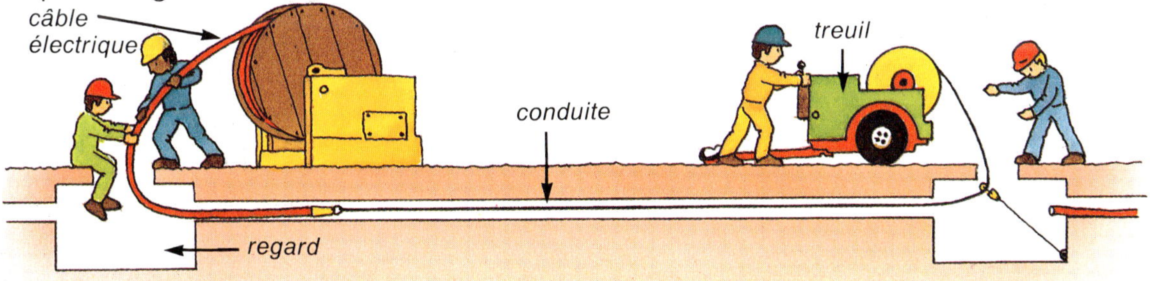

Le câble électrique est enroulé sur un grand dévidoir. Son extrémité est amenée dans le regard, puis dans la conduite.

Un treuil, placé au bord du regard suivant, tire le câble à travers la conduite. Il sera joint à un autre câble.

Les tunnels

Dans le monde, beaucoup de grandes villes sont parcourues par des trains souterrains (métro). Des milliers de gens les utilisent chaque jour pour se déplacer rapidement et facilement.

Construire des tunnels

Le premier métro souterrain a été construit à Londres en 1863.

On creusa une énorme tranchée dans la route et on y installa des lignes de chemin de fer. Une galerie recouvrit le tout et la route fut reconstruite par-dessus.

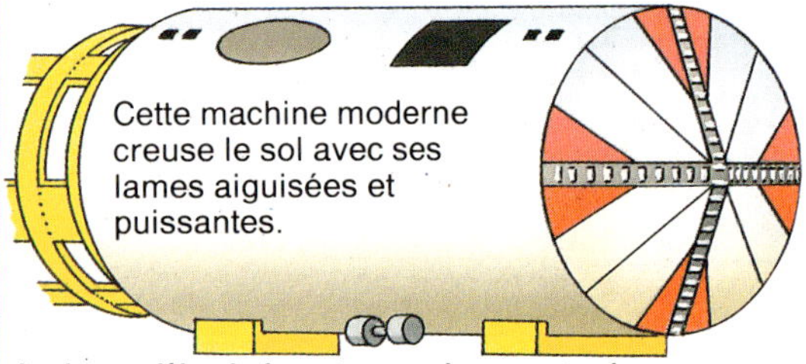

Aujourd'hui, les tunnels sont plus profonds, car ce sont des machines qui creusent le sol sous les bâtiments et les rivières.

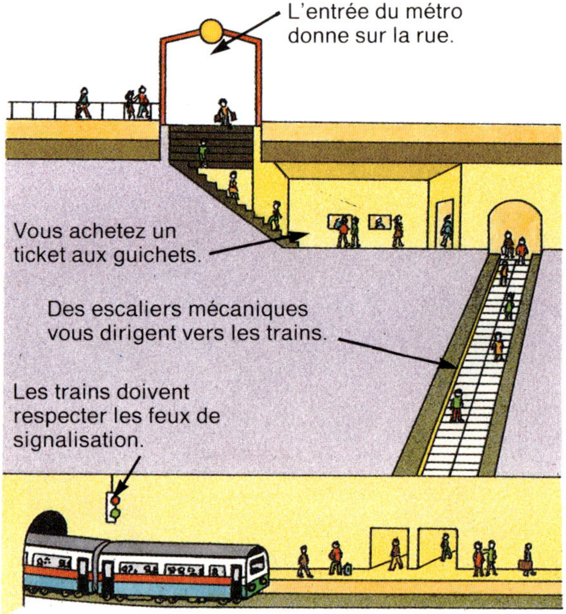

Le saviez-vous?

Dans certains pays, les tunnels routiers traversent les montagnes. Le plus long du monde se trouve en Suisse.

C'est le tunnel du Saint-Gothard. Il traverse les Alpes suisses sur un peu plus de 16 km.

Le tunnel sous la Manche

Il s'agit en réalité de trois tunnels. Ils passeront sous la Manche, entre la France et la Grande-Bretagne.

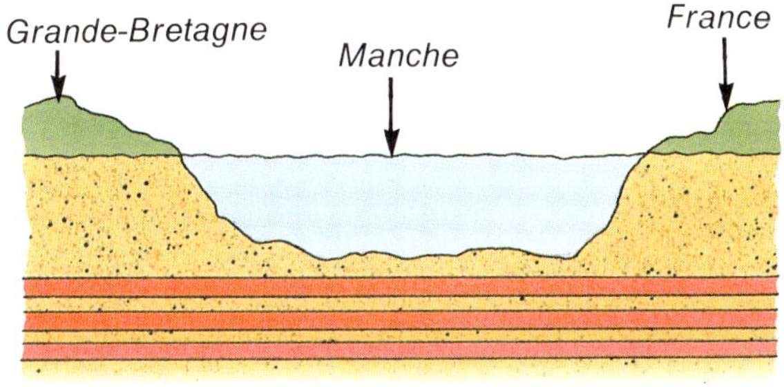

Les Français et les Britanniques creusent les tunnels dans de la craie dure. Ils espèrent achever les travaux en 1993.

Des trains transporteront les passagers à travers deux des tunnels. Ils n'iront pas à plus de 160 km/h.

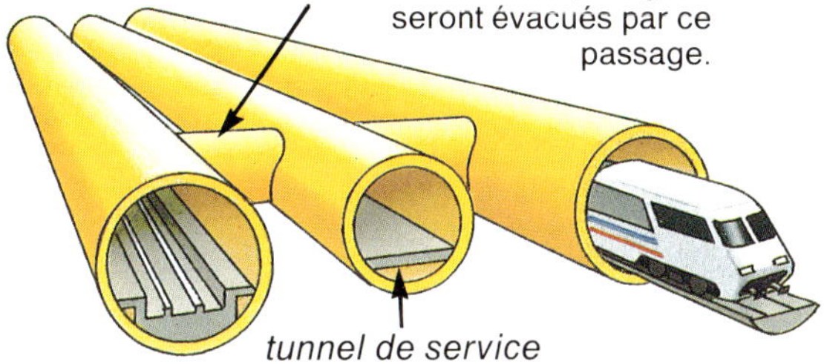

Le tunnel du milieu sera réservé au service. Les ouvriers l'emprunteront pour faire leurs réparations.

Le revêtement

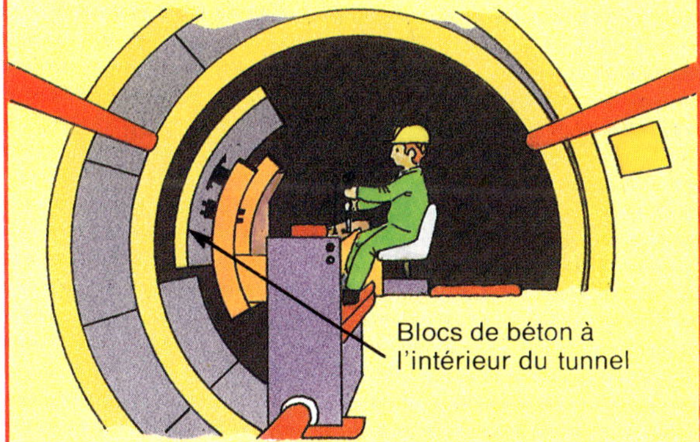

Le tunnel est recouvert d'énormes blocs de béton, qui s'imbriquent les uns dans les autres pour le renforcer et empêcher les infiltrations d'eau.

Des câbles électriques sont fixés au mur des tunnels. Ils font fonctionner les lumières et les machines.

Des camions, des tracteurs et des bennes circulent à l'intérieur du tunnel de service.

Sous les maisons

Certaines habitations possèdent des caves, d'autres sont construites sous terre et d'autres encore, les plus nombreuses, reposent sur des fondations.

Les fondations

Les entrepreneurs commencent par construire les fondations des édifices. Elles sont creusées dans le sol et soutiennent les bâtiments.

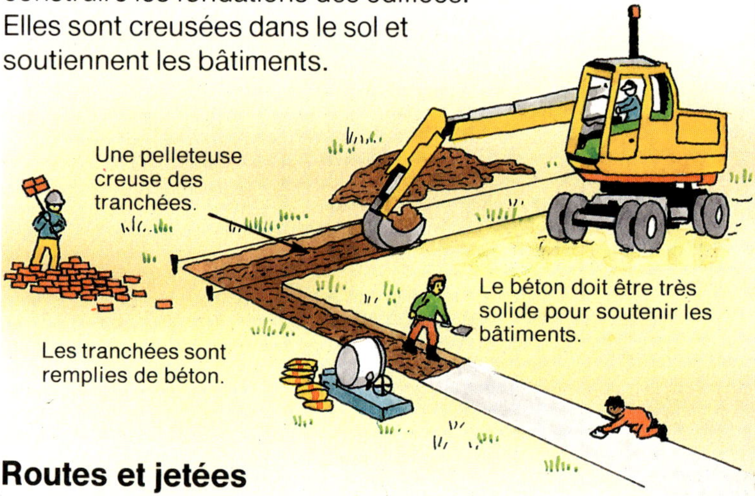

Routes et jetées

Sous les routes, il y a plusieurs couches de pierres de différentes tailles.

Les piliers des jetées sont en fer et en béton. Ils s'enfoncent dans le sable.

Les gratte-ciel

Un gratte-ciel est un bâtiment très haut et très lourd. Il lui faut des fondations spéciales, très solides.

Pour cela, on creuse dans le sol des trous profonds, que l'on remplit de barres en acier et de béton.

Une ville sur l'eau

Venise, en Italie, fut construite sur un lac salé formant une lagune.

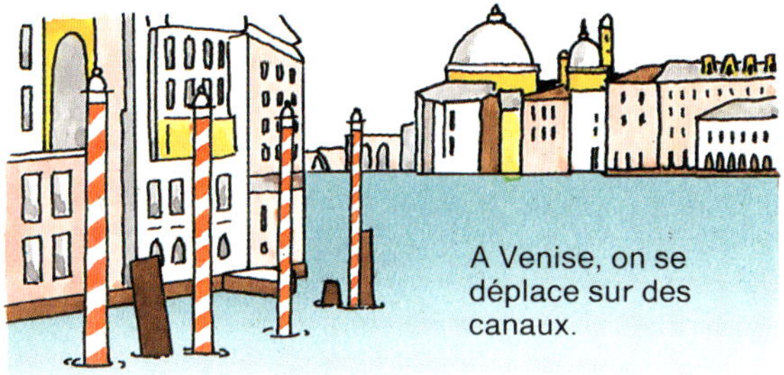

A Venise, on se déplace sur des canaux.

Les maisons furent bâties sur pilotis, c'est-à-dire sur des piliers de bois renforcés de pierres et enfoncés dans la vase de la lagune.

Caves et sous-sols

Sous le niveau de la rue, en dessous des bâtiments, il y a parfois des pièces qui forment le sous-sol.

Cave à vin

Une cave est une pièce souterraine utilisée pour conserver des objets. Le vin, en particulier, est gardé dans les caves, à la bonne température.

Des maisons sous terre

Les Berbères vivent en Tunisie (Afrique du Nord). Ils habitent des maisons souterraines.

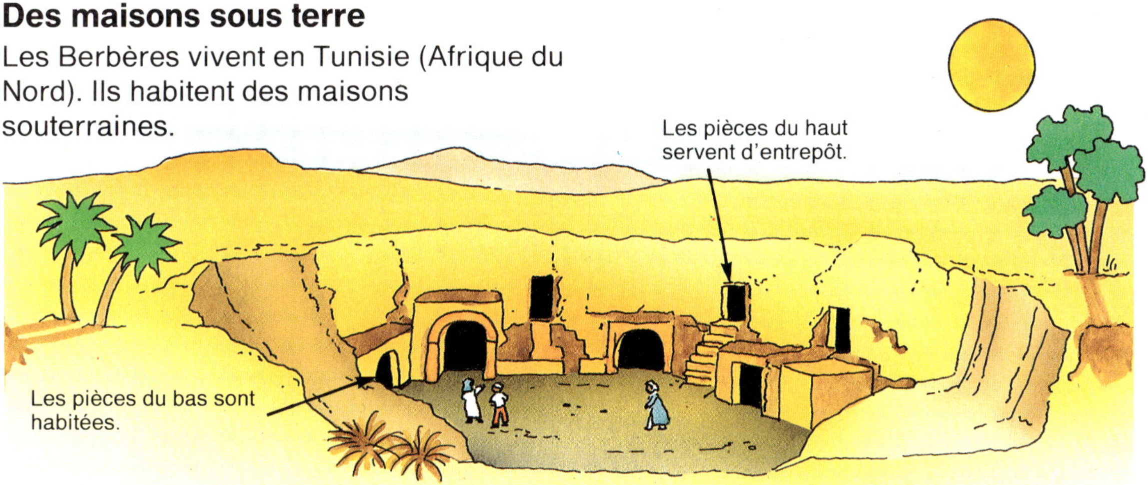

Les trous et les galeries des grottes leur servent de pièces d'habitation. Elles sont fraîches la journée, lorsque le soleil tape, et chaudes les nuits froides d'hiver.

Trous et terriers

Beaucoup d'animaux creusent des tunnels sous terre pour se protéger et vivre cachés. Leurs abris portent différents noms.

Les blaireaux vivent dans des chambres formant des terriers. Ils s'y reposent la journée et ne sortent que la nuit.

Un groupe de lapins peut vivre ensemble dans une garenne, où ils creusent des terriers et des galeries.

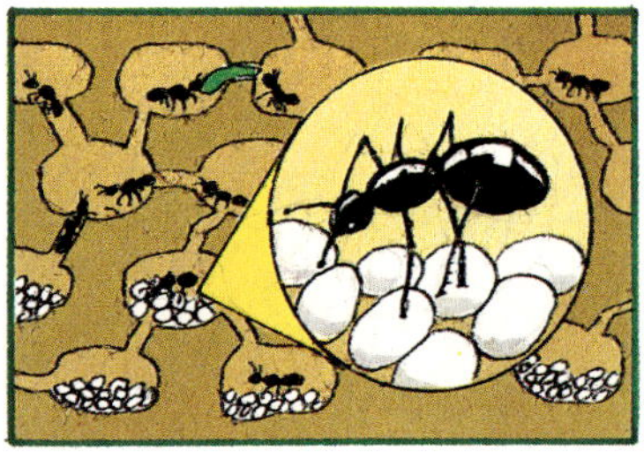

Les fourmis vivent dans des nids (ou fourmilières) faits de galeries et de chambres.

Nés pour creuser

Les animaux fouisseurs sont faits pour creuser des terriers.

Les taupes possèdent des pattes avant très puissantes et des pieds en forme de pelle qui leur permettent de creuser le sol.

C'est grâce à leurs muscles puissants que les vers de terre s'enfoncent dans le sol.

Les lapins se servent de leurs griffes de devant pour creuser. Ils repoussent la terre avec leurs pattes arrière.

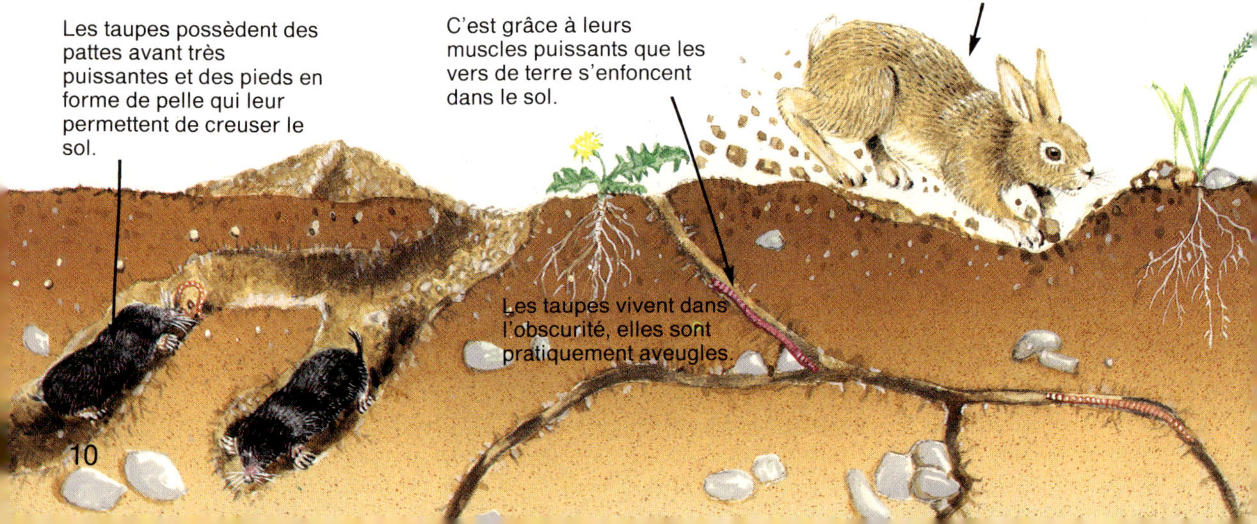

Vivre dans des endroits chauds

Les déserts sont des endroits chauds et secs. La plupart des petits animaux du désert vivent sous terre pendant la journée. Ils ne sortent qu'à la nuit, lorsqu'il fait plus frais.

Le fennec chasse la nuit et se repose le jour dans son terrier.

La gerboise quitte son trou pour se nourrir de graines et d'herbes sèches.

La grenouille du désert

Dans le désert australien vit une grenouille qui dort toute l'année dans son abri.

Sa peau est enduite d'un mucus qui la garde humide.

Elle ne sort que lorsqu'il pleut.

Vivre dans des endroits froids

On trouve des animaux même dans les endroits les plus froids de notre planète.

Pour survivre, ils mangent beaucoup et dorment tout l'hiver : c'est l'hibernation.

L'animal qui hiberne le plus longtemps est l'écureuil terrestre de Barrow (Alaska). Il dort pendant neuf mois.

Des familles entières de marmottes hibernent dans leurs terriers chauds. Elles font un nid d'herbes et bouchent l'entrée du tunnel.

Qu'y a-t-il dans le sol ?

Depuis des millions d'années, les roches subissent les effets de l'érosion ; celle-ci, due au vent et à l'eau, a déposé les couches de pierres, de sable et d'argile qui composent le sol. Mais rien ne pousserait sans la couche d'humus qui le recouvre et qui est constituée de débris de plantes et d'animaux morts.

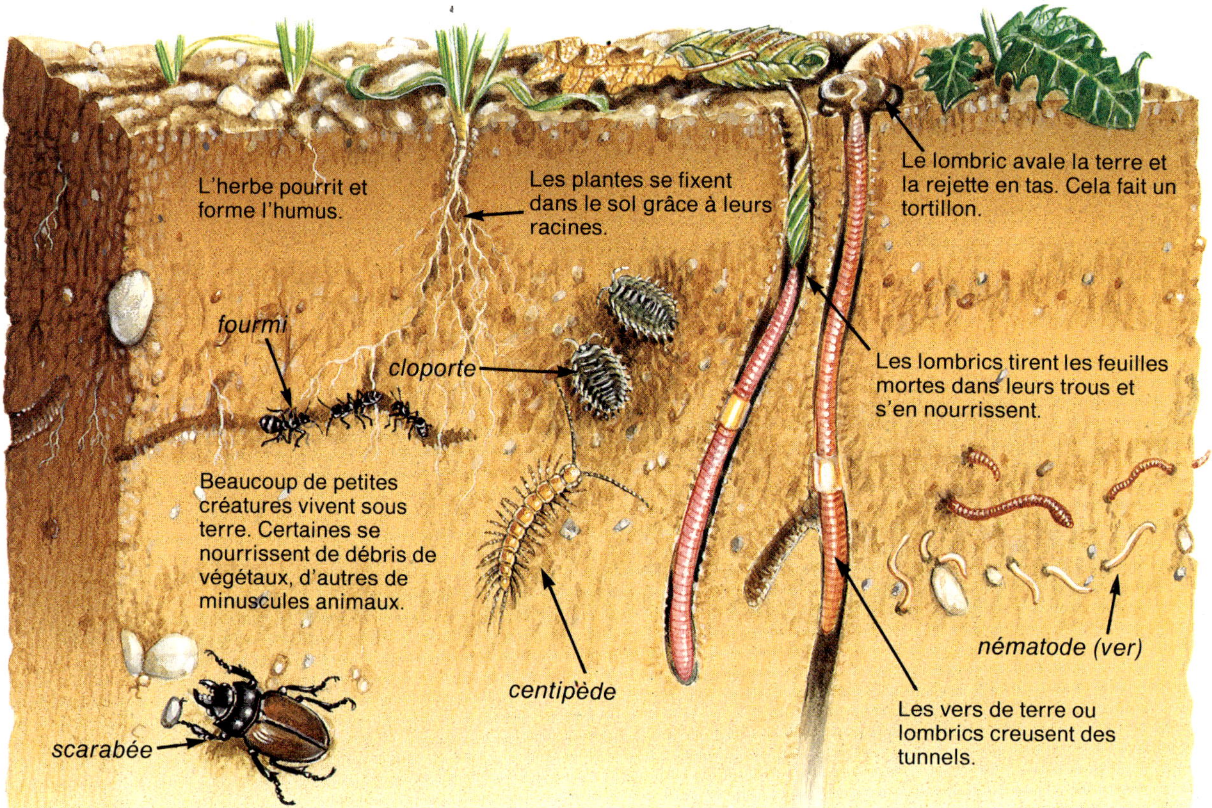

L'humus se transforme en substances minérales. Tous les êtres vivants ont besoin de ces substances pour croître.* Elles apportent nourriture et énergie aux plantes. Les lombrics participent à l'enfouissement de ces substances dans le sol. Les plantes ont aussi besoin d'air et d'eau. Les tunnels creusés par les lombrics permettent l'aération du sol.

* Le calcium est une substance minérale. Il consolide vos dents et votre squelette.

Elever des vers de terre

Remplissez un bocal de plusieurs couches de sable et de terre. Il faut qu'elles soient humides. Couvrez avec des feuilles.

Déposez des lombrics dans le bocal et couvrez d'un linge pour maintenir une certaine obscurité. Au bout de quelques jours, le sable et la terre seront mélangés, car les vers auront creusé des tunnels.

Sols humides, sols secs

Les terres sablonneuses sont sèches car elles laissent passer l'eau; on dit que le sol est perméable. Les plantes des déserts y poussent bien.

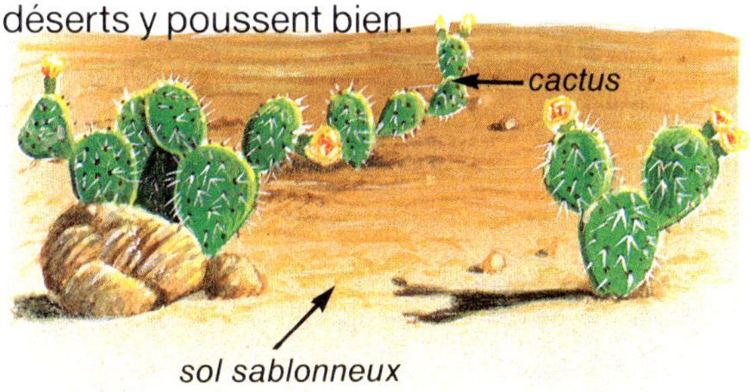

Elles ne pousseraient pas si bien dans des sols imperméables, comme les sols argileux. Ceux-ci sont humides et collants, car l'argile retient l'eau.

Plantes cultivées pour leurs racines

Les jardiniers font souvent pousser leurs légumes au même endroit chaque année. Les substances minérales* s'épuisent vite.

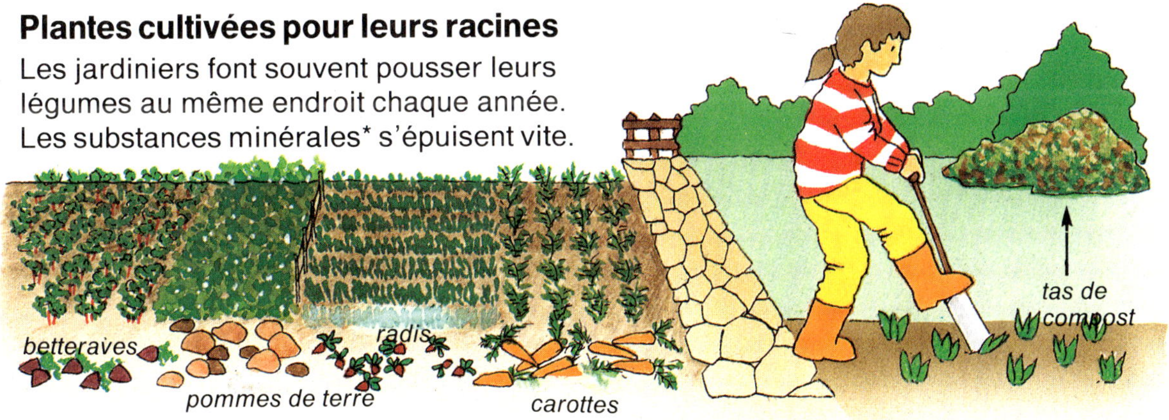

Les jardiniers doivent à nouveau fournir au sol les substances manquantes. Pour cela, ils utilisent du compost, un mélange de terre et de végétaux qu'ils ont laissé se décomposer. Les légumes poussent mieux dans une terre noire et riche. Les légumes ci-dessus sont cultivés pour leurs racines, que l'on mange.

*La nourriture des plantes.

Tout sur les fossiles

Les fossiles sont des restes de plantes et d'animaux qui vécurent il y a des millions d'années. L'animal ci-dessous est tombé au fond de l'eau après sa mort. Là, les parties molles de son corps se sont décomposées, tandis que les os se sont conservés.

Son squelette a été recouvert de sable et de fines particules appelées sédiments. Ils se sont transformés en roches dures, emprisonnant le squelette avec eux.

Les substances minérales contenues dans les sédiments le fossilisèrent très lentement et le conservèrent ainsi pendant des millions d'années.

Ce que nous disent les fossiles

Grâce aux fossiles ci-dessous, les chercheurs savent à quoi ressemblaient les tout premiers êtres vivants.

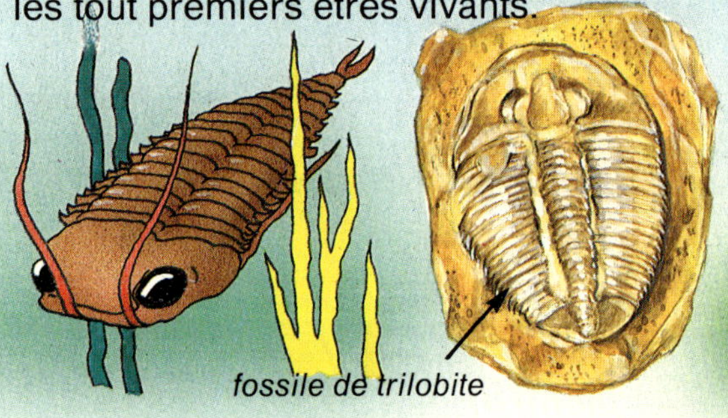

Les premières créatures vivaient dans l'eau. Les trilobites étaient des animaux marins avec un corps dur, composé de segments.

Plus tard, les dinosaures envahirent la Terre. Le stegosaurus avait des plaques osseuses sur le dos. Elles pouvaient atteindre 1 m de haut.

Les premiers végétaux

Ce très beau fossile végétal est vieux de 50 millions d'années.

Le contour de certaines plantes s'est fossilisé dans des sédiments. Il existe beaucoup de restes fossilisés des premiers végétaux.

A la recherche des fossiles

Ceux qui cherchent des fossiles trouvent rarement des squelettes de dinosaures. Cependant, ils découvrent assez souvent des petits fossiles.

Ce marteau spécial permet de dégager le fossile.

Les plages rocheuses sont des endroits parfaits pour découvrir des fossiles, car les roches, en s'usant, les laissent apparaître.

Des millions d'années ont passé et les animaux ressemblent de plus en plus à ceux que nous connaissons. Voici l'ancêtre du rhinocéros.

Le tout premier être humain remonte à environ 4 millions d'années. Les fossiles les plus anciens ont été découverts en Afrique.

Dans une caverne

Une caverne, c'est un grand trou dans la roche. Sous l'action de la pluie, les roches s'érodent et forment des cavités : on trouve souvent des cavernes dans les roches calcaires, qui s'usent facilement.

En s'infiltrant dans la roche, l'eau creuse des galeries et des trous de plus en plus profonds. Bientôt, le trou est si grand qu'il forme une caverne.

La caverne et ses habitants

La plupart des animaux vivent à l'entrée de la caverne. Ils s'aventurent aussi à l'extérieur, comme ces hirondelles.

Plus loin, la caverne est sombre et humide. C'est là que vivent les chauves-souris, qui sortent la nuit pour chasser.

Au fond, l'obscurité est permanente. Les points lumineux sont des vers luisants : ils fabriquent leur propre lumière.

Une grotte bien cachée

L'entrée d'une grotte est parfois difficile à trouver. En 1940, deux jeunes garçons découvrirent une grotte que personne ne connaissait.

C'est en cherchant leur chien, tombé dans un trou caché par des broussailles, qu'ils découvrirent la grotte de Lascaux, en France.

Peintures rupestres

La grotte de Lascaux a été peinte par des hommes des cavernes qui vécurent il y a des milliers d'années.

Ils fabriquaient leurs propres couleurs et leurs outils et dessinaient les animaux qu'ils chassaient: bœufs, vaches, daims, bisons et chevaux.

Essayez ceci

Dessinez et peignez grâce aux couleurs et aux outils que vous fabriquerez vous-même. Il vous faut:

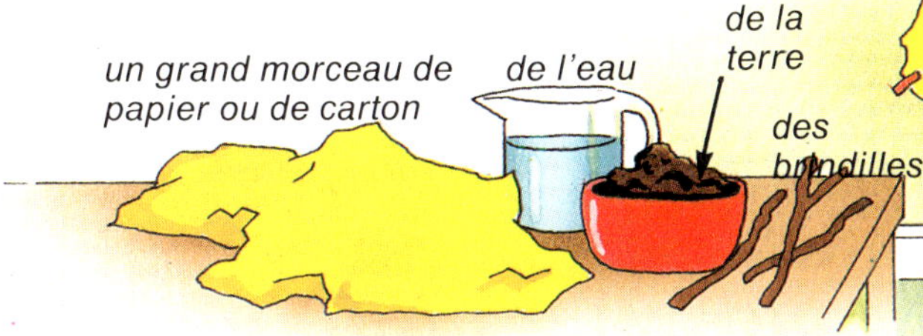

Vous pouvez aussi essayer de mélanger des colorants alimentaires à quelques gouttes d'eau.

Mélangez quelques gouttes d'eau à la terre. Les hommes des cavernes se servaient de terres colorées comme peinture. Ils utilisaient surtout du rouge, du jaune, du marron, du noir et du blanc.

Plongez les brindilles dans cette peinture. Elles vous serviront de pinceaux pour peindre sur le papier ou le carton. Trempez-les assez souvent pour un bon résultat.

Charbon, pétrole et minéraux

Il faut creuser profondément le sol pour aller y chercher des choses utiles. Grâce au charbon et au pétrole, on produit de l'électricité, mais aussi bien d'autres choses.

Le charbon

Le charbon provient de la décomposition des arbres et des plantes. Il s'est formé il y a des millions d'années. Il est extrait dans des mines.

Avec le charbon

Avec le charbon, qui suit un traitement spécial, on peut fabriquer d'autres produits. En voici quelques-uns.

Le pétrole

Il provient de l'accumulation, au fond des mers, de débris d'animaux morts qui ont durci en se mêlant aux boues. Ils se sont lentement transformés en pétrole et en gaz, qu'il faut extraire du sous-sol marin.

Avec le pétrole

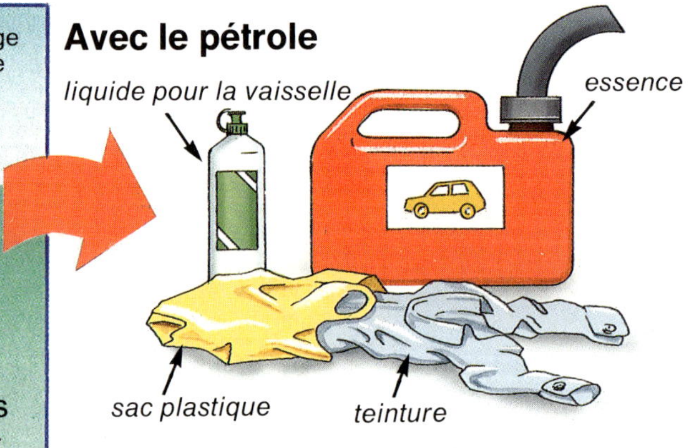

Avec le pétrole, chauffé à la bonne température, on peut obtenir les produits ci-dessus, et bien d'autres.

Matériaux de construction

Depuis des milliers d'années, on construit les maisons avec différentes sortes de pierres, qui sont extraites du sol dans des endroits appelés carrières.

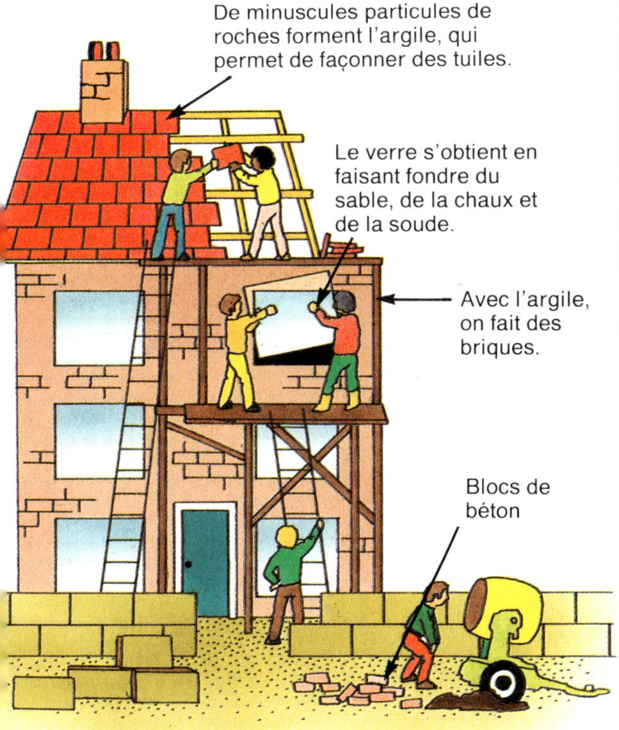

Le béton est un mélange de graviers, de sable et de ciment, auquel on ajoute de l'eau. Ce mélange durcit et donne un matériau très résistant.

Le métal

On trouve du métal dans les roches. Regardez dans votre cuisine, il y a beaucoup d'objets métalliques.

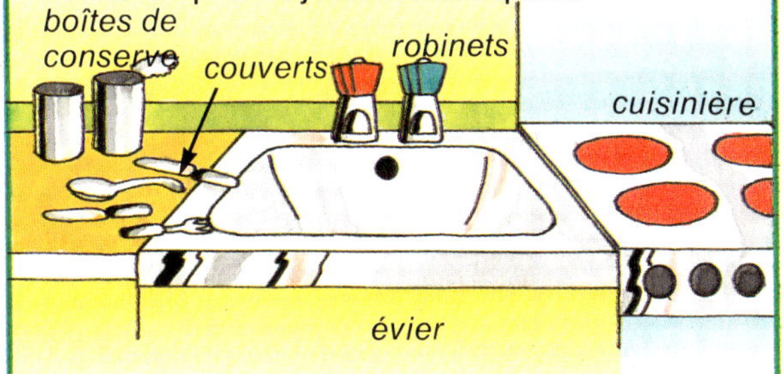

Une roche contenant un métal s'appelle un minerai. On extrait le métal sous forme liquide, en chauffant certains minerais dans des fours spéciaux.

Le saviez-vous ?

Les pierres précieuses se forment au cœur de la Terre, là où il fait très chaud et où les minéraux se transforment en cristaux durs.

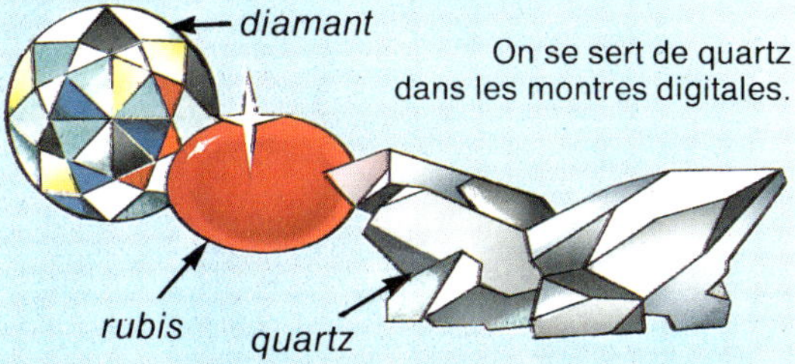

Les cristaux extraits du sol sont bruts. Il faut les tailler et les polir pour en faire des bijoux.

Le cœur de la Terre

La Terre est une énorme boule dont l'extérieur forme une croûte solide. Néanmoins, cette croûte peut se déplacer ou se fendiller par endroits.

Sous la croûte terrestre, on trouve le manteau, qui est fait de roches en fusion, bougeant en permanence.

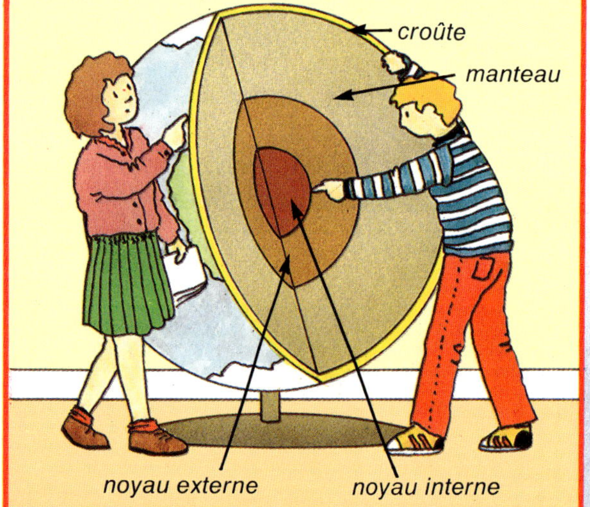

Le centre de la Terre est composé d'un noyau externe chaud fait de métaux en fusion et d'un noyau interne encore plus chaud fait de métaux solides.

Les mouvements des profondeurs de la Terre ont parfois des conséquences inattendues en surface, là où nous vivons.

Les volcans

Un volcan se forme lorsque des roches chaudes et en fusion jaillissent de l'intérieur de la Terre. En se refroidissant, elles se solidifient les unes sur les autres.

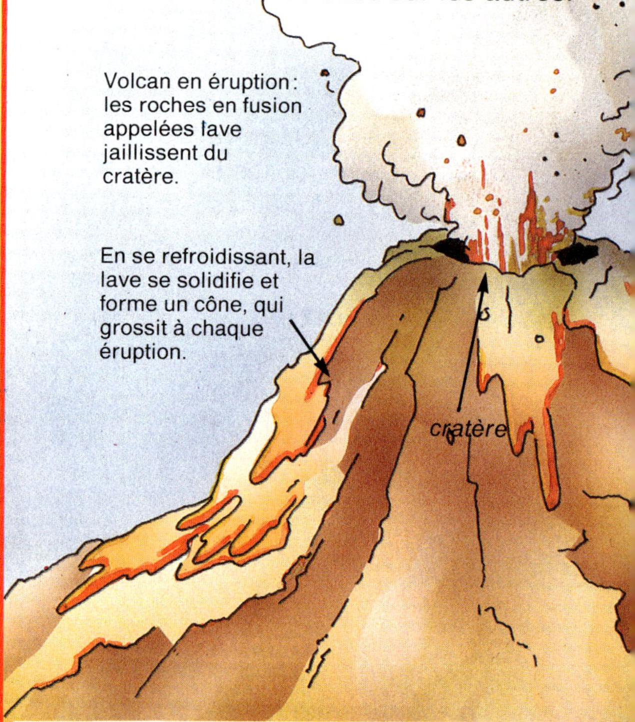

Certaines montagnes en forme de cône sont d'anciens volcans. Ils n'ont plus d'activité et on dit qu'ils sont éteints.

Tremblements de terre

Les mouvements soudains de la croûte terrestre provoquent des tremblements de terre.

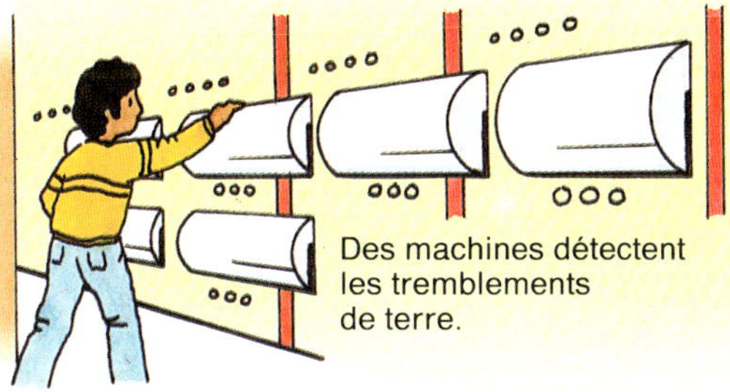

Dans certains pays où les tremblements de terre sont fréquents, les bâtiments sont conçus d'une manière spéciale pour ne pas s'effondrer.

Le saviez-vous?

Dans certaines régions, un jet d'eau brûlante sort de la terre : c'est un geyser. L'eau froide est chauffée par les roches brûlantes de la croûte terrestre.

Dans certains pays, la chaleur des roches souterraines sert à produire de l'électricité.

Des trésors enterrés

Le Vésuve est un volcan situé à Naples, en Italie. Il entra en éruption il y a environ 2000 ans, du temps des Romains.

Trésors romains

Les villes de Pompéi et Herculanum furent enterrées sous les cendres et les boues volcaniques. Par hasard, on les redécouvrit il y a environ 300 ans. De nombreux et magnifiques trésors furent alors mis au jour.

Etonnant, non ?

Etonnez vos amis avec les faits et chiffres ci-dessous.

Le plus long tunnel

Le plus long tunnel au monde fait environ 169 km de long. Il apporte de l'eau à la ville de New York, aux Etats-Unis.

Il fait environ 4 m de haut (la hauteur de deux grandes personnes l'une sur l'autre).

Le premier oiseau

Un fossile du tout premier oiseau a été découvert en Allemagne, en 1861. C'est l'archéoptéryx : cet oiseau vivait il y a plus de 150 millions d'années. On voit encore les plumes du corps et des ailes.

Le plus profond

Un homme est descendu dans une mine d'Afrique du Sud à environ 4 km de profondeur. Personne n'est jamais allé plus profond.

La plus grande caverne

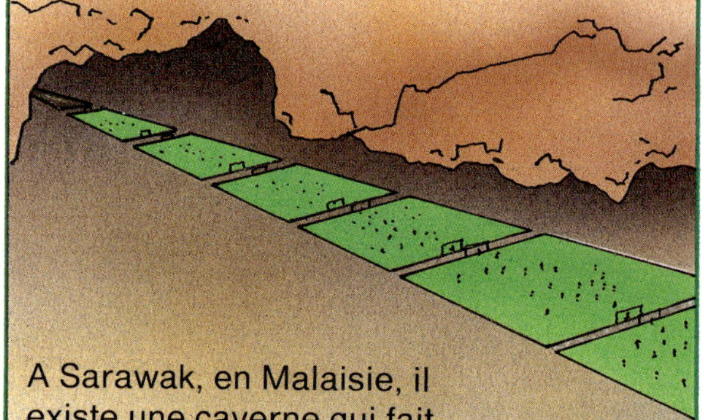

A Sarawak, en Malaisie, il existe une caverne qui fait 700 m de long, c'est-à-dire qu'il serait possible d'y mettre bout à bout sept terrains de football. C'est la plus grande au monde.

Amusez-vous

Il faut des millions d'années à un fossile pour se former sous terre. Amusez-vous à fabriquer un faux fossile.

Il vous faut:

de la pâte à modeler,

du plâtre à moulage,

un pot rempli d'eau,

un vieux bol et une cuillère,

des coquillages,

des pierres ou un fossile.

Dessinez des insectes

Avec une petite pelle, creusez la terre dans un coin du jardin ou dans un terrain vague et mettez les insectes trouvés dans une boîte en plastique.

Combien d'insectes avez-vous déterrés? Dessinez-les et essayez de savoir leurs noms. Remettez-les où vous les avez trouvés ensuite.

Aplatissez un peu la pâte à modeler et enfoncez-y légèrement un coquillage. Enlevez-le doucement.

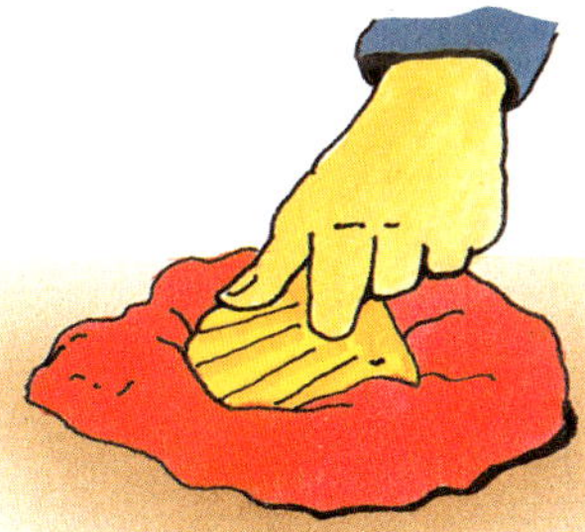

Mettez deux poignées de plâtre dans le bol, ajoutez de l'eau en plusieurs fois et mélangez bien. Le plâtre doit être liquide.

Vous pouvez essayer avec une pierre ou un fossile.

Versez le plâtre dans le trou laissé par le coquillage. Laissez durcir pendant 10 minutes, puis ôtez la pâte à modeler pour obtenir le moule fossile.

Index

Imprimé en Belgique.